U0051867

N

- atelier de la saison -

neige+

為自己、重視的某人⋯

仔細確實地花費功夫，製作可以長久珍惜使用的布包吧！

雖然可輕鬆製作，立即完成的包款也很有魅力，

但使用喜愛的布料，講究細節所縫製的布包能讓人更加長久愛用。

我嘗試設計出重視實用度、外觀的完成度、溫柔的印象，適合成熟女性的布包。

請一邊享受選擇布料時的雀躍感，一點一滴慢慢成形的喜悅，

以及完成作品的製作樂趣。

若能夠為各位讀者帶來「提昇等級」的手作作品，再也沒有比這個更幸福的事情了！

在此由衷感謝平時給予我許多支持的讀者，以及協助本書的出版社同仁們。

猪俣友紀（neige＋）

yunyun

猪俣友紀（neige ＋）的製包對策 26 選

一見傾心的時尚手作包

Contents

單提把圓底包
– p.4 –

圓形小肩包
– p.6 –

單提把
半圓形迷你包
– p.8 –

褶襇斜背包
– p.9 –

大容量
變形托特包
– p.10 –

皮革提把
三角托特包
– p.12 –

梯形迷你波士頓包
– p.13 –

寬版外出托特包
– p.14 –

口袋帆布托特包
– p.16 –

鏤空提把圓形包
– p.17 –

半圓形旅行包
– p.18 –

月見托特包
– p.20 –

直版
三片拼接托特包
– p.21 –

大型防水包
– p.22 –

口金支架後背包
– p.24 –

三層拉鍊小肩包
– p.26 –

網布斜背隨身包
– p.27 –

鋁製口金布包
– p.28 –

化妝收納包
– p.29 –

吊掛拉鍊收納包
– p.30 –

小屋造型鑰匙包
– p.31 –

船形筆袋
– p.31 –

可運用相同紙型製作的栗子束口袋＆收納包
– p.32 –

口金小肩包
– p.33 –

三摺錢包
– p.33 –

製包基礎　　　　　　　　　　– p.34 –

漂亮車縫的重點　　　　　　　– p.38 –

作法　　　　　　　　　　　　– p.46 –

3

1 單提把圓底包

花朵圖案與素色亞麻布組合的成熟可愛風格水桶包。
使用有深度的紫色及灰色布料呈現出沉穩印象。
圓底設計可收納許多物品。

作法…P.46

布料提供／（灰色素面亞麻布）fabric bird

蕾絲披肩／TSUHARU by Samansa Mos2　縮皺細褶洋裝／Samansa Mos2

直接在中央部分
活用布邊。

底部為橢圓形。

內側有3個口袋,使用方便。

後側作有表口袋。

D形環及問號鉤部分,
可吊掛鑰匙或票卡夾
等小物。

2 圓形小肩包

黃色花朵圖案搭配上深藍色丹寧布料的圓形小肩包，
是可裝入皮夾、手機或手帕等隨身物品，適合短暫外出的尺寸。

作法…P.50

羊毛亞麻人字織紋長褲／TSUHARU by Samansa Mos2

由於外側作成口袋，因此非常方便。
以鉚釘固定皮革成為亮點。

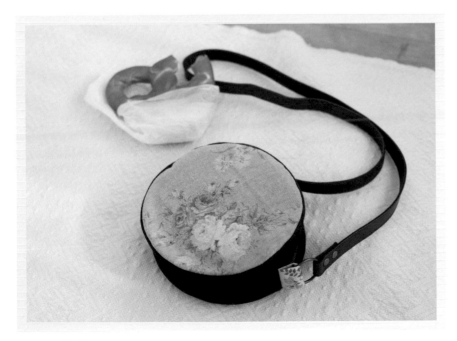

內側也使用花朵圖案。
作有1個口袋。

背面則簡單呈現。

3 單提把半圓形迷你包

試著使用普普風圓點圖案，作出了形狀渾圓的迷你包。
是剛好可置入長夾的尺寸。

作法…P.49

布料提供／（圓點 × 小鹿圖案）KOKKA

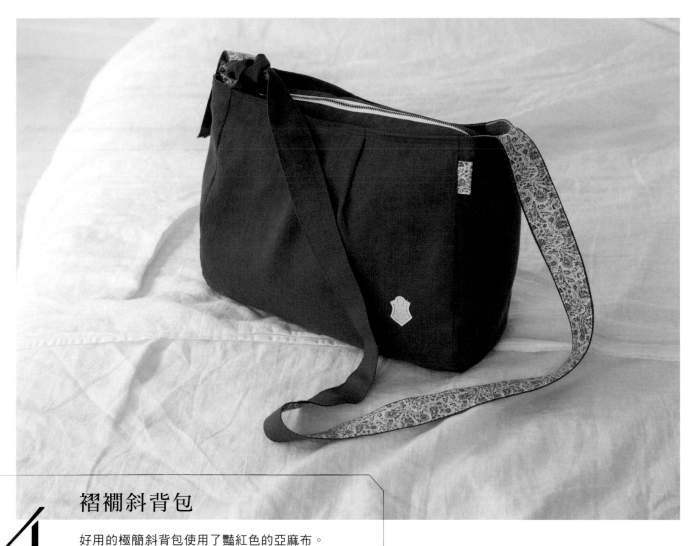

褶襉斜背包

4

好用的極簡斜背包使用了豔紅色的亞麻布。
隨處隱約可見的花朵圖案增添了甜美度。

作法…P.52

布料提供／（紅色素面亞麻布）fabric bird

由於開口裝有拉鍊，因此內容物不會掉出，
讓人放心。

內側作有1個分隔口袋。

縮皺細褶洋裝／Samansa Mos2

5 大容量變形托特包

縫合相同大小的4塊布料,製作成方塊型的大型托特包。
一旦釦上開口的固定零件,整體就會成為宛如圓球一般的可愛形狀。

作法…P.54

布料提供／(綠色素面亞麻布)fabric bird

吊帶褲／Samansa Mos2

內容物較多時，
就解開固定零件使用。

可配合內容物分量，
以固定零件調整。
由於能摺疊成較小的樣式，
因此也可作為環保袋使用。

底部宛如購物袋般，僅抓出側身進行車縫。
布料呈現出X形。

內部附有口袋。

11

皮革提把三角托特包

只需車縫兩脅穿過提把的簡單車縫托特包。
使用素雅的花朵圖案，讓成品展現出沉穩的氛圍。

作法…P.55

布料提供／（卡其色素面亞麻布）fabric bird

內部是明亮的水藍色花朵印花。
口袋入口使用了英文字母織帶，
成為也兼具補強作用的裝飾。

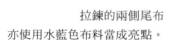

拉鍊的兩側尾布
亦使用水藍色布料當成亮點。

7 梯形迷你波士頓包

使用可愛的粉紅色玫瑰圖案，
製作出小巧討喜的迷你波士頓包。
一旦使用了皮革提把，成品質感就更能更加提升。
由於是鋪棉材質，因此保護性也很優秀。

作法…P.57

提把提供／INAZUMA

8 寬版外出托特包

即使是手作品，也希望能夠作出正式場合實用的高雅布包，
抱持著這樣的想法而誕生的包款。
上方略呈弧形，呈現出充滿女人味的柔和印象。

作法…P.59

提把提供／INAZUMA
布料提供／（灰色素面亞麻布）fabric bird

脇邊緞帶洋裝、蕾絲罩衫洋裝、圓領上衣／Samansa Mos2

一旦在邊緣使用滾邊條，
就能提昇成品層次。

後側作有形狀
不同於前側的口袋。

由於裝有 D形環，
因此亦可依照喜好
裝上肩揹繩。

開口加上了固定零件。

中央為拉鍊隔層，
兩側則各有1個口袋。

9

口袋帆布托特包

將在台灣找到的鮮豔花布重點式的點綴使用，
試著作出清爽的夏日用托特包。
是無論外側或內側都作有口袋的超實用提包。

後側作有立體口袋。

在兩側則以鉚釘固定皮革，
作為重點裝飾。

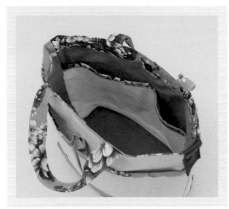

內側附有1個分隔口袋。

作法…P.62

10

鏤空提把圓形包

非常適合暫時外出至附近的小巧圓形包。
作有許多褶襇，完成圓滾帶有圓弧感的形狀。

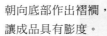

作法…P.65

布料提供／（花朵印花布・青色素面牛津布）
decollections

朝向底部作出褶襇，
讓成品具有膨度。

內部以藍色布料鮮明呈現。
附有內口袋。

11 半圓形旅行包

旅行時相當實用的大型波士頓包。
以地圖印花布料為主體，在底部使用合成皮革增加強度。

作法⋯P.67

布料提供／（焦茶色素面牛津布）
decollections

後側口袋裝有拉鍊。
就算放入票券或護照等重要物品
也能放心。

內側口袋有2種。

後側口袋可穿過
行李箱拉桿，
因此非常方便！

12

月見托特包

圓潤感讓人聯想到月亮形狀的可愛提包。
組合了花朵印花、直條紋等多種布料,製成饒富趣味的成品。
以不同高度車縫上的口袋是重點。

將內部翻出的樣子。
附有分隔大口袋。

後側則是無口袋的簡單樣式。
由於底部較寬,容量出乎意料。

作法…P.71

布料提供／(花卉印花裡布)
decollections

布料提供／（粉紅印花布）歐洲服飾布料 hideki

僅在內部口袋的部分改變條紋方向。

底部使用了合成皮，營造出厚重感。

13

直版三片拼接托特包

上方大膽地作成曲線的直版托特包。
前側是以3片布料拼接而成，
並於接縫線也使用了滾邊條。
縫上鈕釦作為裝飾亮點。

作法…P.73

14 大型防水包

在日常生活中的任何場景都很好用的大容量托特包。
若使用防水加工（防水）布料，
就算雨天或是在容易弄髒的地方亦可放心使用。也很推薦作為媽媽包。

作法…P.75

布料提供／（黃色印花防水布・原色素面防水布・帆布）
銀河工房

由於內部使用了帆布，因此強韌度也很優秀。
就算盛裝重物也不擔心

打開後側口袋，便可隱約看見內
部的可愛圖案。

有側口袋與內口袋。
還作有可吊掛鑰匙或票卡夾的掛繩。

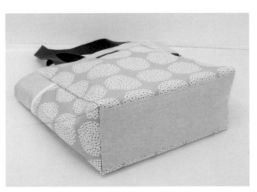

口金支架後背包

英文字母、印花圖案或是條紋等，
試著將家中多餘的各種零碼布組合製作成後背包。
依照喜好使用相同布料製作也很不錯。

作法…P.78

口金提供／INAZUMA

由於裝入了口金支架，
因此可大幅度展開袋口。

在表口袋拉鍊車上蓋布，
作出正式的成品。

與背部接觸的部分也作有口袋。

16 三層拉鍊小肩包

有3個開口的便利小肩包。斜向配置的拉鍊成為了重點裝飾。
若使用防水材質布料，無需裡布，
僅運用一片布就能縫製，非常簡單。

後側則為極簡樣式。

最上方的拉鍊，
以末端凸出於外部的方式接合。
這樣可讓開口大大展開。

作法…P.81

肩背帶提供／INAZUMA

立領蕾絲上衣／TSUHARU by Samansa Mos2　脇邊緞帶洋裝／Samansa Mos2

17 網布斜背隨身包

使用在平價商店也能買到的網布材質，
製作現今流行的斜背隨身包。
加入了網布的部分，就能作出相當道地的感覺，因此非常推薦使用。

作法…P.83

布料提供／（灰色帆布 · 紅色亞麻布）fabric bird

由於是以布料及人字織帶夾住網
布車縫的構造，因此可使用家用
縫紉機以一般布料的方式車縫。

內部以紅色亞麻布呈現可愛感。

18

鋁製口金布包

其魅力在於袋口可大範圍展開，
以鋁製口金製作的布包。
若選擇優雅的布料，就能夠作出具有高質感的成品。
由於側身寬闊，能收納許多物品。

作法…P.85

布料提供／（a 藍色印花布）歐洲服飾布料 hideki
口金提供／INAZUMA

開口可大大展開，便於物品拿取。

內部以素色布料簡單呈現，作有內口袋。

19

化妝收納包

可當成化妝品或縫紉工具收納包
使用的大橢圓形化妝收納包。
試著將自己喜愛的紫色系格紋及
花卉印花搭配組合，進行製作。

作法…P.87

側面及底部使用了格紋鋪棉布，上蓋及後
側則使用了素色布料。

內部的側面口袋為4個分隔。

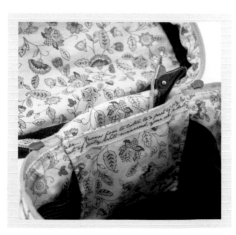

中央也有口袋。

20 吊掛拉鍊收納包

設計成可吊掛在拉鍊上的收納包。
使用花朵圖案或摩洛哥圖案，呈現出淡淡的懷舊風情。

a

b

拉鍊末端使用鉚釘固定皮革，作為重點裝飾。

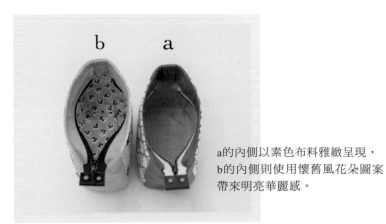

b　　a

a的內側以素色布料雅緻呈現，
b的內側則使用懷舊風花朵圖案
帶來明亮華麗感。

作法…P.88

布料提供／（b 黃色素色雅麻布）fabric bird

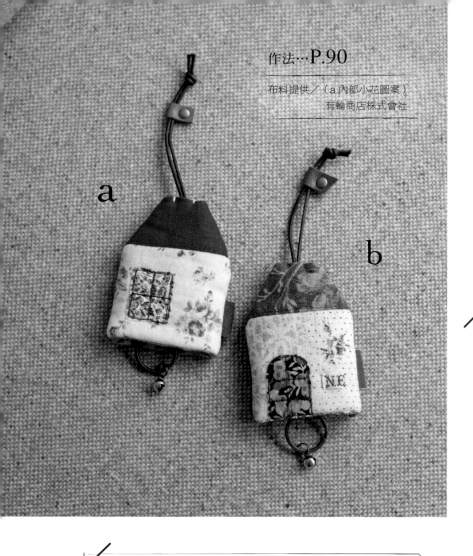

作法…P.90

布料提供／（a內部小花圖案）
有輪商店株式會社

a

b

b

a

後側也使用花朵圖案。

21

小屋造型鑰匙包

房屋圖案是我喜歡的樣式之一。
作成每天都會使用的鑰匙包，
裝上鈴鐺可防止遺失。

22

船形筆袋

以不對稱設計增添玩心的筆袋。
以綠色的狗狗圖案及條紋呈現休閒感。

僅以單邊作出側身的設計。

作法…P.91

布料提供／（狗狗印花布 ・ 米色素面牛津布）
decollections

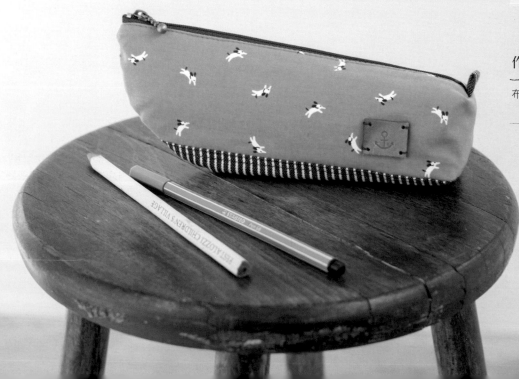

23·24

可運用相同紙型製作的
栗子束口袋 & 收納包

形狀宛如栗子般圓滾滾的可愛束口袋，
以及拉鍊收納袋。
可以相同紙型製作。
是容量較多的較大尺寸。

後側使用了與前側不同的布料。

23

24

收納包內部附有口袋。

內部是可愛的植物圖案。

作法… 23／P.92
　　　 24／P.93

布料提供／（23花朵圖案 ・ 植物圖案）
decollections
（24橫條紋）
有輪商店株式會社

25 口金小肩包

可裝入智慧型手機、筆等物品的便利口金小肩包。
喜歡到處探訪神社的我，會裝入御朱印帳隨身攜帶。
因為可立即拿出物品，因此非常推薦。

肩背帶可依照喜好
裝上或拆卸。

內側則是以一片布料簡單製作。

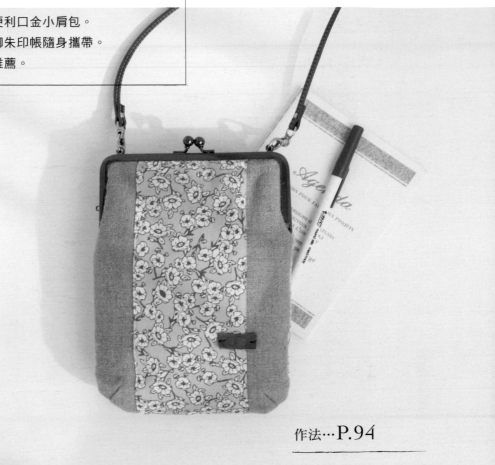

作法…P.94

26 三摺錢包

可確實收納鈔票、硬幣及卡片的小巧三摺布夾。
選用了能在使用時讓心情愉快的開朗小鳥圖案布料。

展開後，
卡片口袋有6個，
也可放入鈔票。

後側為零錢包。

作法…P.94

製包基礎

介紹製作布包所需的工具、紙型作法及縫法。

縫紉工具
介紹作包時使用的基礎裁縫工具。

打版紙

製作紙型時使用的紙張。薄可透光，因此容易描繪原寸紙型。印有1cm方格的種類在製作直線條紙型時相當方便。

布鎮

描繪原寸紙型，以及在布料上描紙型時，為避免移動而放置使用。

方格尺

使用於測量長度、畫線時。若透明且有格紋，在描繪縫份寬度的線條時就會相當方便。

a
b
c
d

消失筆・水消筆・布用自動筆

使用於在布料上作記號時。a是筆跡會隨著時間自然消失的筆，b是以水消除筆跡的筆。c是能消除b所描好線條的水消筆，當失誤時很方便。d是自動筆的類型，因此便於描繪。

布用剪刀

剪布用的剪刀。若用來剪紙，刀刃就會劣化，因此當剪紙時請另外準備其他剪刀。

線剪

剪線用的剪刀。由於使用率頻繁，因此請選擇好用的款式。

輪刀

一邊旋轉刀刃，一邊進行裁布。請在下方墊上切割墊使用。

錐子

在車縫時輔助送布，或是將角落整理工整時使用。

珠針

當對齊布料時，可固定以避免移動。

紙膠帶

黏貼於縫紉機的針板，作為車縫時的參考。

固定夾

用以固定無法使用珠針的防水布、合成皮料以及較厚的材質。

關於布料

介紹主要使用於布包中的布料。

亞麻布

適當的厚度容易使用，具有素色及印花等款式種類豐富。

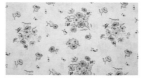

棉麻

比亞麻更加柔軟，柔和氛圍的圖案相當多。

11 號帆布

以粗織線細密編織而成的布料。在帆布當中，以11號較為柔軟好用。

牛津布

織目緊密的厚質平織布。圖案或色彩選擇相當豐富。

被單布

魅力在於平織的樸素質感。顏色、圖案相當豐富，多半使用於裡袋。

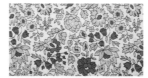

棉 Lawn

以細織線編織而成的平織布。較薄且稍微具有挺度，因此重點使用時效果良好。

hickory

織目緊密堅固，十分很柔軟好用。

蕾絲布

在薄布上進行刺繡，具有透視感的高雅布料。在背面疊上素色布料，作為補強加以使用。

丹寧布

棉質的厚人字織紋布料。相當適合休閒氛圍的布包。

網布

聚酯纖維製的網狀布料。在平價商店也能買得到。

鋪棉布

在2片布料之間夾入鋪棉進行衍縫的布料。

防水布

於布料表面貼附薄膜的布料。要將布料重疊固定時，使用珠針會留下針孔，請改用固定夾製作。

合成皮革

在布料上披覆樹脂層製作而成。與防水布相同，重疊固定時，需使用固定夾。

製作紙型

■ 製圖記號

完成線	——————	摺線	— — — —	鈕釦、磁釦	+
導引線	——————	布紋方向（箭頭為直布紋方向）	←——→	打褶	
摺雙線	——·摺雙·——	合印（對齊相同記號）	● ○		

（打褶欄）b ▨ a → b a

■ 描繪紙型

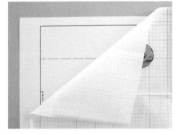  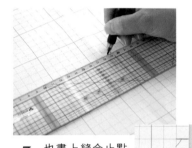 

1 將打版紙重疊於想製作布包的原寸紙型，放上布鎮以避免移動。

2 放上量尺，避免錯位地進行描線。

3 也畫上縫合止點及合印等記號。

4 剪下描好的形狀。

■ 曲線的描圖方式

 →  →  →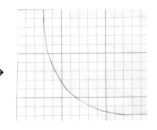

將量尺沿著線條一點一點地滑動描繪。

整理布紋

由於為了防止布紋歪斜，以及洗滌後布料縮水，因此過水以整理布紋。
特別是亞麻布，一旦泡水後就會縮水，因此要確實整理布紋。亞麻布以外，
需整理布紋的情況，以噴霧器噴水後，再以熨斗燙整。

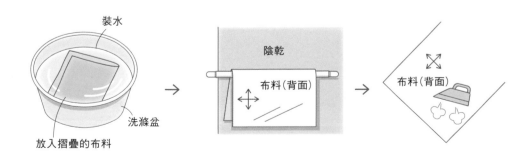

在洗滌盆等大容器中裝入水，將摺疊起來的布料浸入。浸泡約數小時～半天。

為避免產生皺紋，輕輕以手扭乾，在陰涼處進行乾燥。

在完全乾燥以前，以熨斗順著直布紋、橫布紋熨燙整理布紋。

分辨素色布料正反面的方式

正面

沒有汙漬或織紋無瑕疵的完整面。

背面

織紋有小瑕疵的一面。

裁布方式

Point

猪俣友紀老師的布包縫製方式,由於在薄布描上縫線會有透出於正面的風險,因此基本上不描繪縫線,對齊布邊進行車縫。由於沒有縫線,因此需正確描出縫份寬度(幾乎所有作品皆為1cm)。在厚布上描繪縫線時就輕輕描繪吧!

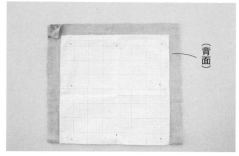

1 將外側作為背面摺疊布料。以珠針固定以防止移動。

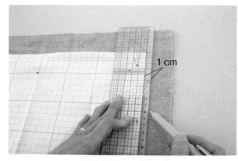

2 距離紙型邊緣1cm位置放上量尺,以消失筆畫上縫份。

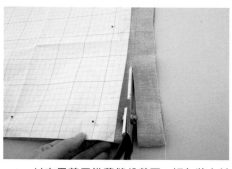

4 以布用剪刀沿著縫份剪下。切勿將布料抬高,剪刀的刀刃呈直角剪開。

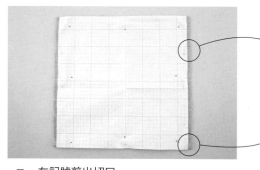

5 在記號剪出切口。

剪出切口

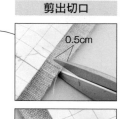

在合印剪出0.5cm左右的切口。

摺雙的情況則在角落剪下小三角形(約0.4cm)。

Point　當描繪的線條較粗的情況,則沿著線條內側裁切。

在褶襉上作記號		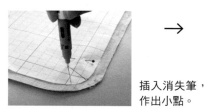	
	褶襉尖端以錐子戳洞。	插入消失筆,作出小點。	在縫份剪出切口。

■ 防水布的裁剪方式

Point

若以珠針固定紙型便會留下針孔,因此使用布鎮固定紙型。

※由於有多款布包需要工整對齊角落,因此若無縫線會不放心時,就以布用自動筆輕輕描出縫線。

將紙型放置在布料背面,並壓上布鎮以防止移動。放上量尺,描出縫份線。

Point

若擔心只使用布鎮還是容易移動的情形,就以紙膠帶稍微固定。

紙膠帶

Point

大圖案布料

使用大圖案布料時,在正面放上紙型,以確認要在何處放入圖案進行配置。也因此需準備較作法頁所標示的尺寸更多的布料。

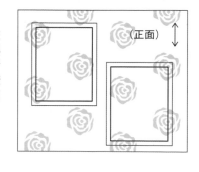

(正面)

左右非對稱紙型

在描出紙型裁布時,由於是在布料背面放置紙型,因此若不將紙型正反翻轉放置,在實際裁布時會呈現相反方向,因此需多加注意。

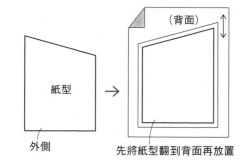

紙型

外側

(背面)

先將紙型翻到背面再放置

基礎縫法　※以縫份1cm的情況進行解說。

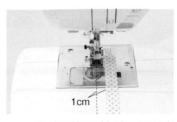

1　在縫紉機的針板上，距離車針1cm處貼上紙膠帶。作為引導線。

2　對齊布料邊緣，正面相對以珠針固定。

3　將布料邊緣沿著紙膠帶，降下壓布腳與車針，進行回針縫接著開始車縫。

4　以錐子輕壓布料，一邊拔下珠針一邊車縫。

5　車縫終點也進行約1cm回針縫。

縫份倒向一側

展開布料，以手將縫份壓向一側。從正面以熨斗熨燙。

展開縫份

展開縫份以熨斗熨燙。

■ 防水布及合成皮的縫法

若使用珠針就會在布料殘留針孔，因此固定時使用固定夾。由於無法使用熨斗，因此以手壓開縫份。

鐵弗龍壓布腳
車縫防水布或合成皮料的表面側時，由於滑順度不佳，因此使用專用壓布腳。

1　對齊布料邊緣，正面相對以固定夾固定。

2　一邊移開固定夾，一邊車縫。並在車縫起點與終點回針車縫1cm。

展開縫份

以手壓開縫份。

壓平車縫

為了要壓平縫份，因此從正面以錐子輕壓縫份同時車縫。

Point

 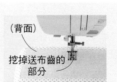

當送布困難時
將多餘的防水布，背面朝上以紙膠帶黏貼在縫紉機平台上。

挖掉送布齒的部分

拉鍊壓布腳
市面上無拉鍊用鐵弗龍壓布腳，因此在拉鍊壓布腳下方黏貼上霧面紙膠帶，便能夠降低摩擦力。

黏著襯的黏貼方式

黏著襯
使用不織布款式的薄黏著襯。以低溫乾燥的熨斗熨壓黏貼。不滑動熨斗，每次重疊一半，避免產生間隙地進行。

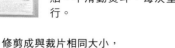

修剪成與裁片相同大小，或是內縮0.1～0.2cm

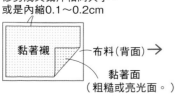

黏著棉襯
是帶有黏著樹脂的棉襯。使用在想讓成品具蓬鬆感時。雖然黏貼方式與黏著襯相同，但要注意不要過度熨壓，以避免棉襯塌陷。

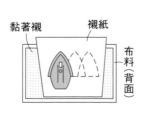

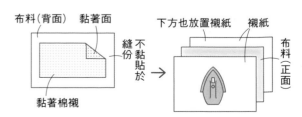

漂亮車縫的重點

為您介紹豬俣友紀流的漂亮縫製訣竅。多一道步驟，就能為成品帶來細致度的差異性唷！

角落的車縫方式 ※ 以縫份 1cm 的情況進行解說。

1 對齊布料邊緣，將布料正面相對以珠針固定。

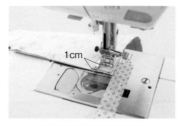

2 車縫至布料邊緣的前1cm。

3 在降下車針的狀態提起壓布腳，將布料旋轉90°。

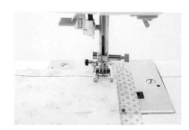

4 降下壓布腳，繼續車縫。

5 角落車縫完畢。

6 沿著縫線摺疊縫份，並以手指壓住。

7 一邊以手指壓著縫份，一邊翻至正面。當角落沒有漂亮翻出時，就以錐子拉出角落。

圓形（曲線）的縫法 ※ 以縫份 1cm 的情況進行解說。若沒有縫線難以製作，就淡淡地描繪或是使用消失筆描線。

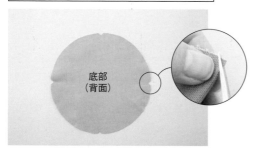

1 將布料對摺，在4個位置剪出切口（參照P.36）。

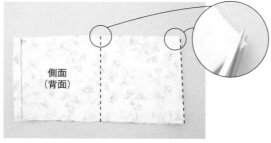

2 側面也分成4等分，在接合底部的一邊剪出3個切口。

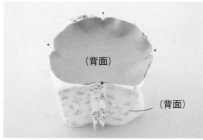

3 將底部及側面正面相對疊合，並配合切口以珠針固定。

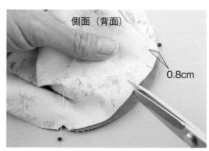

4 在3之間側面的布料邊緣，以1cm間隔剪出約0.8cm的牙口。由於沒有縫份線，因此需注意勿剪過頭。

5 將3別上的珠針之間固定。

6 側面在上，沿著1cm的紙膠帶引導線。一邊以錐子壓著，同時描繪弧形般的慢慢車縫。

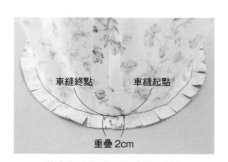

7 將車縫終點疊縫於車縫起點2cm。

8 配合側面剪牙口的位置，也在底部剪牙口。

9 翻至正面。

以斜布條包捲縫份

1 展開布料，將方格尺以45°放上。使用輪刀裁切。

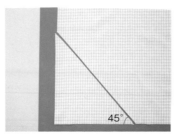

2 裁開的狀態。

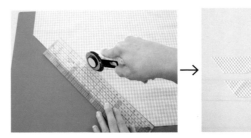

3 從2所裁切的布料邊緣，以4.5cm寬裁切需要的數量。

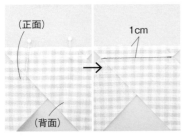

4 連接3的布條成為所需長度。正面相對以1cm寬車縫。

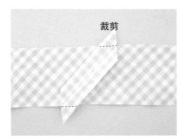

5 展開縫份，剪去兩側多出的部分。

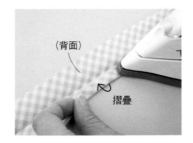

6 對摺，以熨斗熨壓出摺痕。展開並於摺線對齊摺疊。

7 也摺疊另一邊。

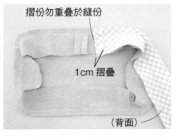

8 展開7，對齊布邊摺疊1cm，並以珠針固定。

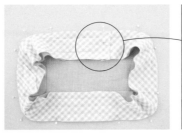

9 對齊一整圈並重疊末端1cm，接著剪去多餘部分。

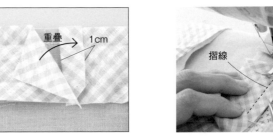

10 於摺線稍微偏布料邊緣的位置進行車縫。

11 以稍微伸展曲線的感覺，慢慢進行車縫。

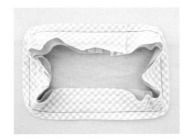

12 車縫好的樣子。

13 在曲線部分剪牙口。

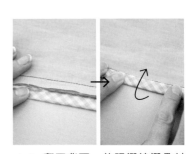

14 翻至背面，依照摺線摺疊斜布條。包捲縫份，以覆蓋12縫線的方式摺疊。

15 以珠針固定。

16 在距離斜布條邊緣0.1cm的位置進行車縫。

17 以斜布條包捲縫份完成。

介紹使用拉鍊的作品當中所使用的4種接合方式。

■ 關於拉鍊

拉鍊各部位的名稱

上止　拉頭　鍊齒　布帶　下止

拉鍊壓布腳

壓布腳部分的寬度較窄，可順暢車縫拉鍊。

■ P.32 No.24 收納包

①將拉鍊夾在表袋與裡袋之間型

※為了清楚呈現，因此改變布料、尺寸及車線顏色。

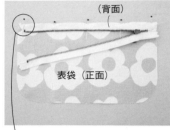
0.5cm

上止

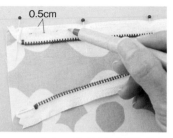
0.7cm

1 將拉鍊翻至背面重疊於表袋上，以珠針固定。於上止摺疊布帶末端。

2 在0.5cm的位置以消失筆作記號。

3 以車針位於左側的方式安裝拉鍊壓布腳。在0.7cm的位置黏貼紙膠帶作為引導線。

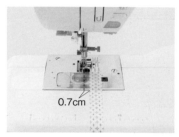

4 車縫2作記號的0.5m位置。在車縫起點回針車縫1cm。

5 由於可能會因拉頭造成車縫不易，因此在過程中，以車針下降的狀態抬起壓布腳，將拉頭往上移動進行車縫。

6 至末端車縫完成的樣子。在車縫終點回針車縫1cm。

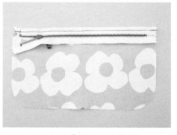
裡袋（正面）
表袋（背面）

7 將裡袋重疊於6，對齊布料邊緣以珠針固定。

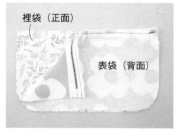

8 將布料邊緣對齊0.7cm的引導線進行車縫。車縫起點回針車縫1cm。

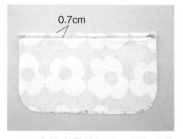
0.7cm

9 車縫完畢的樣子。在車縫終點回針車縫1cm。

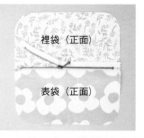
裡袋（正面）
表袋（正面）

10 以縫份倒向表袋側的方式展開。

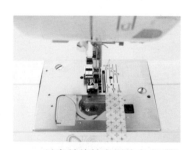

11 以車針位於右側的方式安裝拉鍊壓布腳。

12 在距離拉鍊邊緣0.2cm的位置進行車縫。起點與終點都請回針車縫1cm。

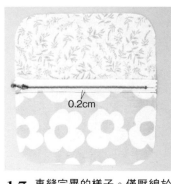
0.2cm

13 車縫完畢的樣子。僅壓線於表袋面邊緣。

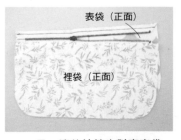
表袋（正面）
裡袋（正面）

14 另一邊的拉鍊也對齊表袋，依照1～6的相同方式車縫。

15 對齊裡袋以7～13的相同方式車縫。

② 有尾布的拉鍊口袋型   ※為了清楚呈現，因此改變布料、尺寸及車線顏色。

以車針位於左側的方式安裝拉鍊壓布腳，在0.7cm的位置以紙膠帶作出引導線（P.40 步驟3）。

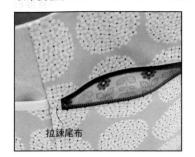

拉鍊尾布

尾布的接合方式

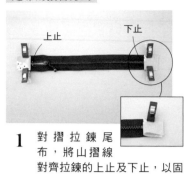

上止   下止

1 對摺拉鍊尾布，將山摺線對齊拉鍊的上止及下止，以固定夾固定。

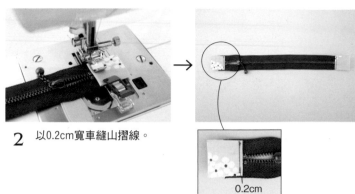

0.2cm

2 以0.2cm寬車縫山摺線。

拉鍊口袋的作法

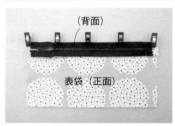

（背面）

表袋（正面）

3 將拉鍊翻到背面重疊在表袋上，以固定夾固定。

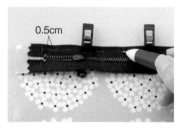

0.5cm

4 在距離邊緣0.5m的位置，以消失筆作記號。

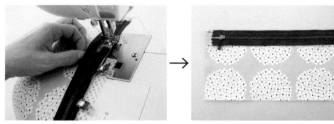

5 在過程中一邊移動拉頭，一邊車縫4所作記號的0.5m位置。起點與終點都請回針車縫1cm。

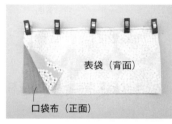

表袋（背面）

口袋布（正面）

6 對齊表袋及口袋布邊緣，以固定夾固定。

7 在過程中一邊移動拉頭，同時將布料邊緣對齊0.7cm引導線車縫。起點與終點都請回針車縫1cm。

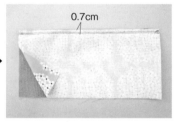

0.7cm

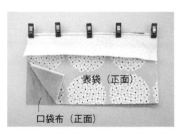

表袋（正面）

口袋布（背面）

8 將表袋翻至正面，以固定夾固定。

9 以車針位於右側的方式安裝拉鍊壓布腳，在距離拉鍊邊緣0.2cm位置車縫。

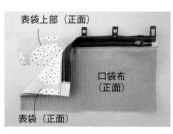

表袋上部（正面）

口袋布（正面）

表袋（正面）

10 重疊表袋上部，以固定夾固定。

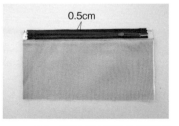

0.5cm

11 以4、5相同方式在末端作記號，於0.5cm的位置車縫。

表袋（正面）

口袋布（正面）

12 翻至表袋面，疊上口袋布以固定夾固定。

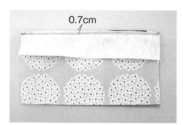

0.7cm

13 與7相同，距離邊緣0.7cm的位置車縫。

14 將表袋上部往上翻摺（縫份倒向上部），以固定夾固定末端，以手壓摺縫份。

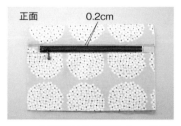

正面   0.2cm

15 在距離拉鍊邊緣0.2cm位置車縫。

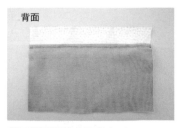

背面

僅口袋下側接合口袋布。

③ 將口布與側面接合於拉鍊型　※為了清楚呈現，因此改變布料、尺寸及車線顏色。

以車針位於左側的方式安裝拉鍊壓布腳，在0.7cm的位置以紙膠帶作出引導線（P.40 步驟3）。

1 將拉鍊翻到背面重疊於表口布上，並以珠針固定。

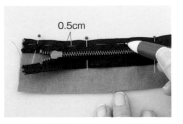

2 在距離邊緣0.5cm的位置以消失筆作記號。

3 在過程中一邊移動拉頭，一邊車縫2所作記號的0.5cm位置。起點與終點都請回針車縫1cm。

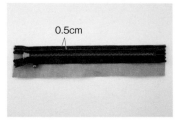

4 車縫好的樣子。

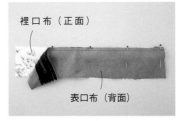

5 對齊裡口布及表口布的邊緣，以珠針固定。

6 在過程中一邊移動拉頭，同時將布料邊緣對齊0.7cm引導線車縫。起點與終點都請回針車縫1cm。

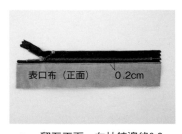

8 翻至正面，在拉鍊邊緣0.2cm位置車縫。

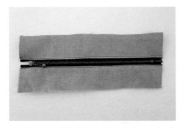

9 另一邊也以1～8的相同方式車縫。

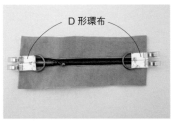

10 以固定夾固定D形環布的中心、拉鍊中心及布料邊緣。

11 替換成一般壓布角。從邊緣0.5cm的位置車縫。

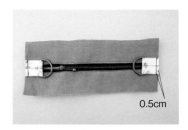

12 兩側皆車縫。此時確認拉鍊是否位於中央。

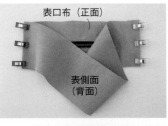

13 將表口布及表側身正面相對疊合，以固定夾固定。

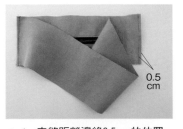

14 車縫距離邊緣0.5cm的位置。

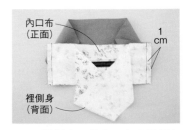

15 翻過來，將內口布及裡側身正面相對以1cm寬度車縫。

16 翻至正面，縫份倒向側面側。

17 車縫距離縫線邊緣0.2cm位置。

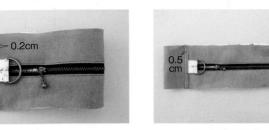

18 另一道則以0.5cm車縫。另一側也以相同方式車縫。

④ 拉鍊一端不車入型

※為了清楚呈現，因此改變布料、尺寸及車線顏色。

以車針位於左側的方式安裝拉鍊壓布腳，在0.7cm的位置以紙膠帶作出引導線（P.40 步驟3）。

1 在表口布的拉鍊接合位置作出切口（P.36）。

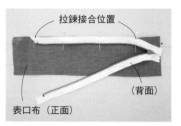

2 將拉鍊翻至背面重疊於表口布的拉鍊位置，以珠針固定。摺疊上止側末端（P.40 步驟1）

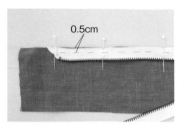

3 以消失筆在0.5cm位置作記號。

4 車縫在3作記號的位置。起點與終點都請回針車縫1cm。

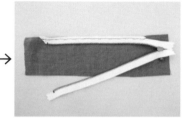

5 對齊表口布及裡口布邊緣，以珠針固定。

6 將布料邊緣對齊0.7cm引導線車縫。從一端車縫至另一端。起點與終點請回針車縫1cm。

7 車縫完畢的樣子。

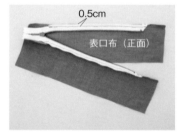

8 將表口布對齊另一邊拉鍊，以2～4的相同方式在距離邊緣0.5cm的位置進行車縫。

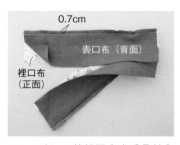

9 以5～7的相同方式重疊於內口布，並且於距離邊緣0.7m的位置進行車縫。

10 兩側皆翻至正面，拉鍊一端不車入的縫法即完成。

拉鍊尾布的接合方式

是以皮革包覆拉鍊末端，再用鉚釘固定方式

1 將丸斬放置於皮革上，在鉚釘固定位置打洞。

2 打好4個位置。

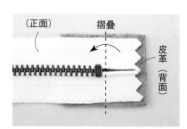

3 將皮革背面對齊拉鍊背面。於下止處摺疊。

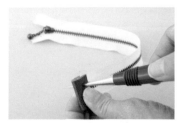

4 以錐子戳入2的洞，在拉鍊布帶上穿洞。

5 固定2個鉚釘（固定方式於P.45）。

磁釦的安裝方式

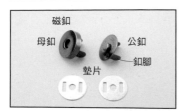

磁釦
母釦　　　公釦
　　　鈕腳
墊片

是以磁鐵固定的插入式磁釦。

（正面）

1 以消失筆在布料正面的磁釦位置作記號。

2 將墊片對齊1，在插入鈕腳的位置作記號。

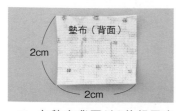

墊布（背面）
2cm
2cm

3 在墊布背面以2的相同方式，在鈕腳的插入位製作記號。墊布選擇防水布或合成皮等不會脫線的種類。

4 對摺2，剪出切口。

5 插入磁釦的鈕腳。

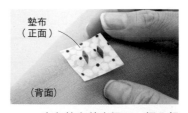

墊布（正面）
（背面）

6 也在墊布剪出切口，插入鈕腳。

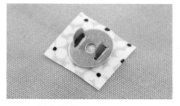

7 插入墊片。

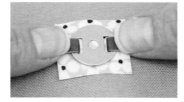

8 鈕腳往外側壓平。

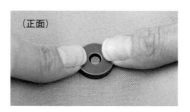

（正面）

9 將布料翻回正面，在桌面上等地方按壓，以確實壓平鈕腳。

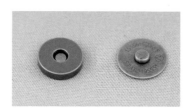

10 另一邊也以相同方式安裝。

滾邊條的夾入作法

滾邊條（10mm）

是在織帶之間夾入繩子的軟邊條。

（正面）
0.3cm
錯開

1 將滾邊條重疊在布料正面。將布邊及滾邊條邊緣錯開0.3cm，以固定夾固定。

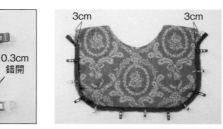

3cm　　　3cm

2 從上側3cm的位置起朝外側錯開。

3 從距離邊緣0.5cm的位置車縫。當難以車縫時建議使用拉鍊壓布腳。

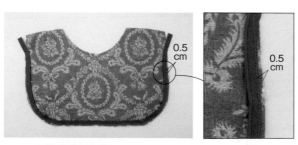

0.5cm
0.5cm

4 車縫完畢的情形。

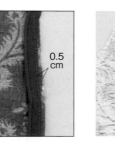

（背面）

5 翻至背面，剪斷滾邊條。

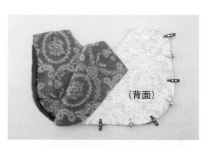

（背面）

6 再疊上一片布，以固定夾固定。

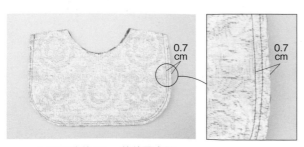

0.7cm
0.7cm

7 在距離邊緣0.7cm的位置車縫。

8 翻至正面，滾邊條末端漂亮地收入內側。

鉚釘的安裝方式

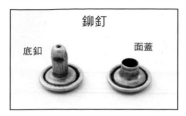

鉚釘

底釘　　　面蓋

以2個零件夾住，並敲打固定。在本書使用6mm、7mm、9mm，3種規格。

Point

選擇的底釘長度為欲安裝皮革或布料的總厚度加上0.2～0.3cm。

1 以錐子在鉚釘接合位製作記號。

2 放上丸斬，以木槌敲擊打洞。

3 從背面穿入底釘。

4 將3放置於膠板上，重疊上另一片。接著放上面蓋。

5 壓上撞釘工具，以鐵鎚垂直敲打3、4次固定。

6 在固定時，試著移動鉚釘，若不會轉動即可。最好是指甲前端無法插入的狀態。

■ 以皮革夾住固定

1 在皮革上保留鉚釘位置，並夾住。以錐子在布料上開洞。

2 從後側穿入底釘。

3 前側疊上面蓋，押上撞釘工具，以鐵鎚敲打固定。

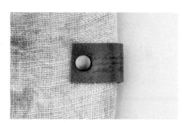

4 正面為圓形隆起（面蓋），後側則呈平面（底釘）。

肩背帶的穿法

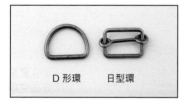

D形環　　日型環

能調整背帶長度的方便零件。

平織帶

具韌度又柔軟的背帶

平織帶（正面）

1 將平織帶穿入日型環中。日型環外框的接縫朝下。

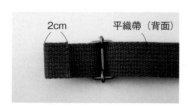

2cm　　平織帶（背面）

2 摺疊末端2cm。

4cm

平織帶（背面）

3 在距離日型環4cm處摺疊，以固定夾固定。

1cm

4 車縫100cm寬的長方形。接著在其中交叉車縫。

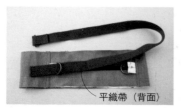

平織帶（背面）

5 將4的相反側末端穿入D形環。

平織帶（正面）

6 穿入日型環。

平織帶（背面）

7 再將6所穿過的平織帶穿入另一邊D形環。

8 以2～4的相同方式摺疊並車縫。

P.4 No.1 單提把圓底包

【材料】

A 布（原色亞麻布 L 灰）‧‧寬 85cm 50cm
B 布（花卉印花亞麻布）‧‧寬 50cm 70cm
C 布（焦茶色素面亞麻布）‧‧寬 90cm 60cm
D 布（米色素面鋪棉布）‧‧寬 70cm 50cm
黏著襯（薄）‧‧90cm×100cm
黏著棉襯‧‧40cm×15cm

棉織帶ⓐ（寬 1.3cm）‧‧45cm
棉織帶ⓑ（寬 4.4cm）‧‧4cm
皮革‧‧1cm×3.6cm
鉚釘（6mm）‧‧1組
D 形環（14mm）‧‧1個
磁釦（18mm）‧‧1組
磁釦墊布‧‧2cm×2cm 2 片
問號鉤（32mm）‧‧1個

【裁布圖】

※除了指定處之外縫份皆為 1cm
提把直接在布料上畫線裁剪。

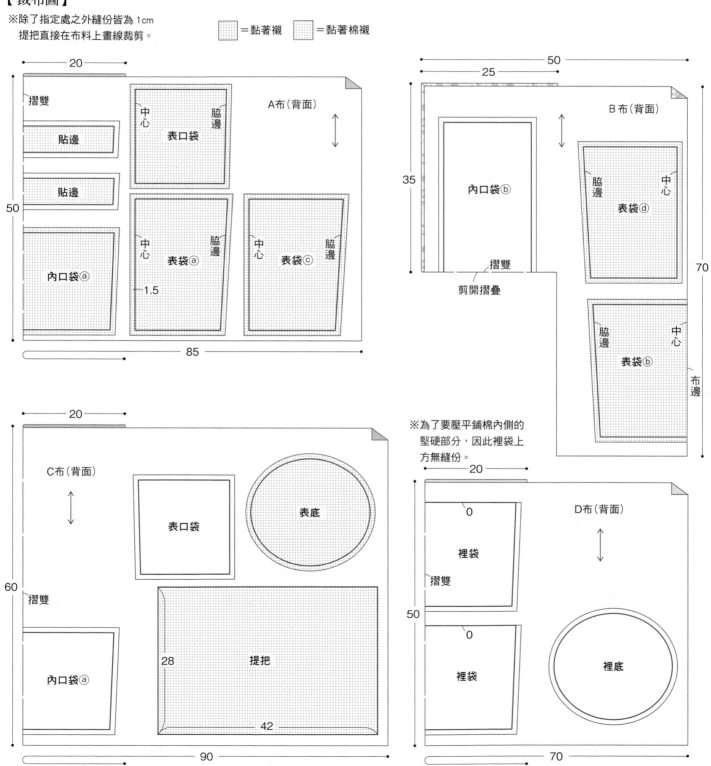

46

6 在裡袋接合內口袋ⓐ、
   問號鉤布環、貼邊

13 最後整理

5
製作問號鉤布環

4 製作內口袋ⓐ

11 製作並接合
   提把

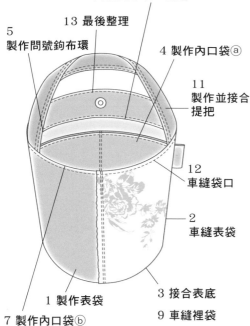

12
車縫袋口

2
車縫表袋

1 製作表袋

7 製作內口袋ⓑ

3 接合表底

8 於裡袋接合內口袋ⓑ、
   貼邊

9 車縫裡袋

10 接合裡底

【作法】
※事先於各裁片黏貼黏著棉襯
  及黏著襯

1 製作表袋

〈前側〉
①將布邊對齊重疊於完成線上

②0.2cm車縫
④對摺
⑤0.5cm車縫
布標
③0.5cm車縫
表袋ⓐ（正面）
表袋ⓑ（正面）
棉織帶ⓑ 4cm

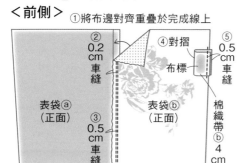

〈後側〉

1cm車縫（A布·正面）
③0.1cm車縫
②0.1cm外推
表口袋（C布·背面）
①翻至正面
表口袋（A布·正面）
（C布·背面）

表袋ⓒ（正面）
0.5cm車縫
表口袋（正面）
0.5cm車縫

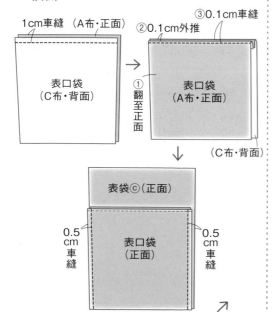

表袋ⓒ（正面）
表袋ⓓ（背面）
1cm車縫

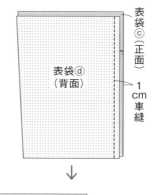

↓

表袋ⓒ（正面）
②0.1cm車縫
表袋ⓓ（正面）
表口袋（正面）
①展開

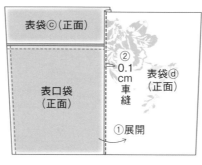

2 車縫表袋

表袋ⓐ（正面）
表袋ⓑ（正面）
1cm車縫
表袋ⓓ（背面）
表袋ⓒ（背面）
1cm車縫

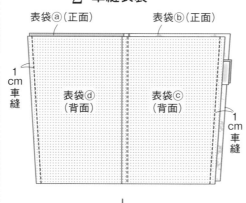

↓

①翻至正面
表袋ⓒ（正面）
0.1cm車縫
表袋ⓓ（正面）
脇邊
②0.1cm車縫
脇邊
表袋ⓐ（正面）
表袋ⓑ（正面）

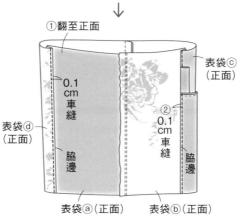

3 接合表底

①翻至背面
表袋（背面）
②剪牙口
③1cm車縫
表袋（正面）

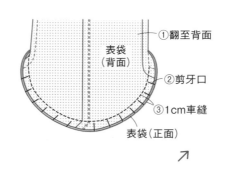

↗

表袋ⓒ（正面）
翻至正面

4 製作內口袋ⓐ

1cm車縫
內口袋ⓐ（C布·背面）
（A布·正面）

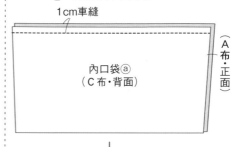

↓

②外推0.1cm
③0.1cm車縫
內口袋ⓐ（A布·正面）
①翻至正面

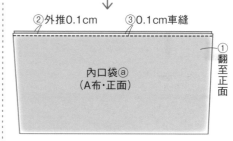

5 製作問號鉤布環

棉織帶ⓐ 23cm
②0.1cm車縫
①對摺穿入問號鉤
1

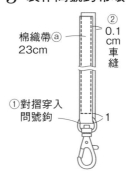

6 在裡袋接合內口袋ⓐ、
問號鉤布環、貼邊

③0.3cm車縫
裡袋（正面）
問號鉤布環
②於中心壓線2道
內口袋ⓐ（A布·正面）
①0.5cm車縫

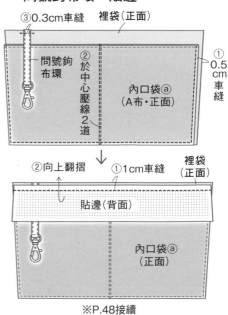

↓

②向上翻摺
①1cm車縫
裡袋（正面）
貼邊（背面）
內口袋ⓐ（正面）

※P.48接續

47

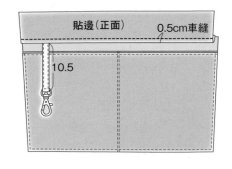

貼邊（正面）　0.5cm車縫

10.5

7 製作內口袋ⓑ

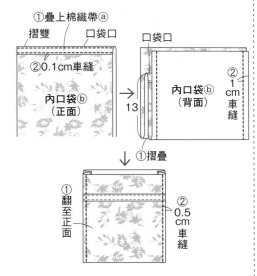

①疊上棉織帶ⓐ
摺雙　口袋口
口袋口
②0.1cm車縫
內口袋ⓑ（正面）
13
內口袋ⓑ（背面）
②1cm車縫

①摺疊

①翻至正面
②0.5cm車縫

8 於裡袋接合內口袋ⓑ、貼邊

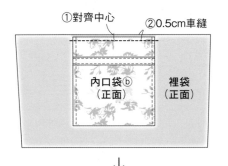

①對齊中心　②0.5cm車縫
內口袋ⓑ（正面）
裡袋（正面）

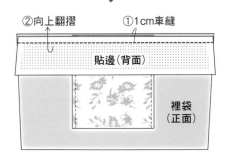

②向上翻摺　①1cm車縫
貼邊（背面）
裡袋（正面）

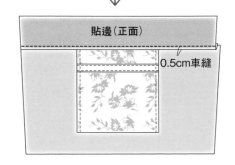

貼邊（正面）
0.5cm車縫

9 車縫裡袋

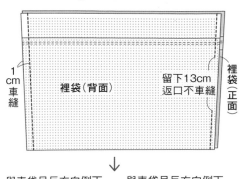

1cm車縫
裡袋（背面）
留下13cm返口不車縫
裡袋（正面）

與表袋呈反方向倒下　與表袋呈反方向倒下

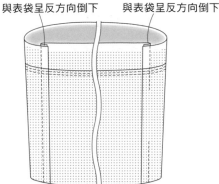

10 接合裡底

裡袋（背面）
①剪牙口　②1cm車縫
裡底（正面）

11 製作並接合提把

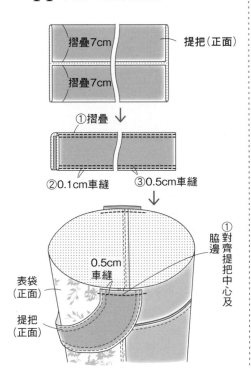

摺疊7cm　提把（正面）
摺疊7cm

①摺疊

②0.1cm車縫　③0.5cm車縫

表袋（正面）
0.5cm車縫
提把（正面）
①對齊提把中心及脇邊

12 車縫袋口

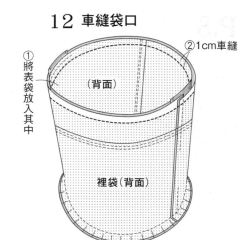

①將表袋放入其中
②1cm車縫
（背面）
裡袋（背面）

③將手伸入返口之中，裝上磁釦（P.44）

13 最後整理

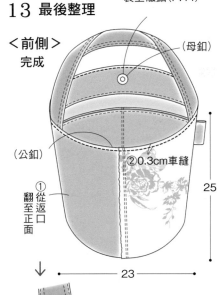

＜前側＞完成
（母釦）
（公釦）
②0.3cm車縫
①從返口翻至正面
25
23

貼邊（正面）
返口
④縫合
裡袋（正面）

＜藏針縫＞
0.2〜0.4cm

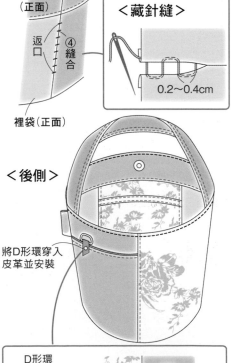

＜後側＞
將D形環穿入皮革並安裝

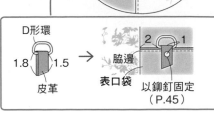

D形環
1.8　1.5
皮革
脇邊
表口袋
以鉚釘固定（P.45）

P.8　No.3　單提把半圓形迷你包

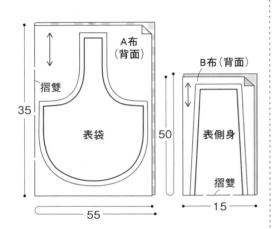

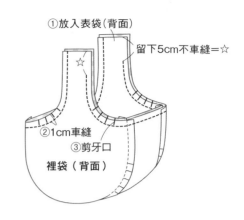

【材料】

A 布（圓點棉麻布 X 鹿圖案 / KOKKA　JG-90010-13E）
・・寬 55cm　35cm

B 布（青色素面亞麻布）・・寬 15cm　50cm

C 布（格紋棉麻布）・・寬 40cm　70cm

棉織帶（1.6cm 寬）・・4.5cm

【裁布圖】

※縫份皆為 1cm

A布（背面）
摺雙
35
表袋
55

B布（背面）
表側身
50
摺雙
15

C布（背面）
70
裡袋
裡側身
摺雙
40

【作法順序】

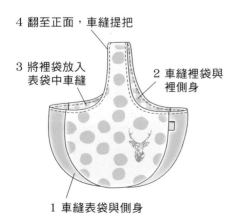

4 翻至正面，車縫提把
3 將裡袋放入表袋中車縫
2 車縫裡袋與裡側身
1 車縫表袋與側身

【作法】

1 車縫表袋與側身

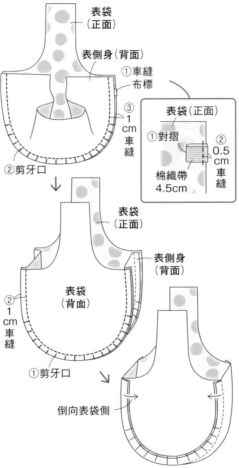

表袋（正面）
表側身（背面）
①車縫布標
②剪牙口
③1cm 車縫

表袋（正面）
①對摺
②0.5cm 車縫
棉織帶 4.5cm

表袋（背面）
②1cm 車縫
①剪牙口
倒向表袋側

表側身（背面）

2 車縫裡袋與裡側身

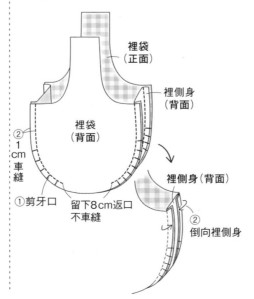

裡袋（正面）
裡側身（背面）
裡袋（背面）
②1cm 車縫
①剪牙口
留下 8cm 返口不車縫
裡側身（背面）
②倒向裡側身

3 將裡袋放入表袋中車縫

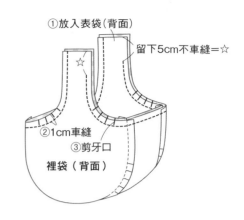

①放入表袋（背面）
留下 5cm 不車縫＝☆
②1cm 車縫
③剪牙口
裡袋（背面）

4 翻至正面，車縫提把

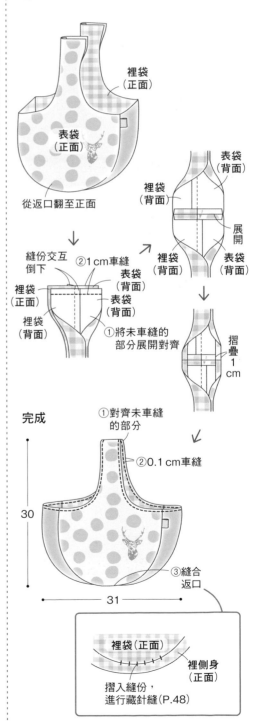

表袋（正面）
裡袋（正面）
從返口翻至正面

表袋（背面）
裡袋（背面）
展開

縫份交互倒下
②1cm 車縫
表袋（背面）
裡袋（正面）
裡袋（背面）
表袋（背面）
裡袋（背面）
①將未車縫的部分展開對齊
摺疊 1cm

①對齊未車縫的部分
②0.1cm 車縫
③縫合返口

完成
30
31

裡袋（正面）
裡側身（正面）
摺入縫份，進行藏針縫（P.48）

49

P.6 No.2 圓形小肩包

【材料】

A 布（素面丹寧布）‧‧寬 55cm　25cm

B 布（黃色花卉印花棉麻布）‧‧寬 45cm　25cm

C 布（條紋印花棉布）‧‧寬 35cm　20cm

D 布（紫色花卉印花棉麻布）‧‧寬 40cm　75cm

E 布（紫色素面亞麻布）‧‧寬 35cm　35cm

黏著襯（薄手）‧‧35cm×20cm

黏著棉襯‧‧40cm×40cm

拉鍊（25cm）‧‧1 條

圓環（30mm）‧‧2 個

皮革‧‧1.5cm×4cm

鉚釘ⓐ（7mm）‧‧1 組

鉚釘ⓑ（9mm）‧‧4 組

平織帶（寬 2cm）‧‧130cm

布標（寬 1cm）‧‧1 片

【裁布圖】

※除了指定處之外縫份為 1cm
斜布條直接在布料上畫線裁剪

　=黏著襯　　　=黏著棉襯

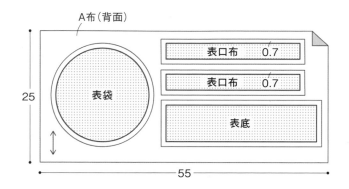

A 布（背面）

表口布　0.7

表口布　0.7

表袋

表底

25

55

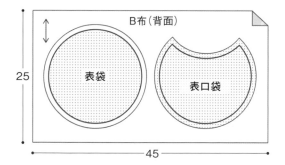

B 布（背面）

表袋

表口袋

25

45

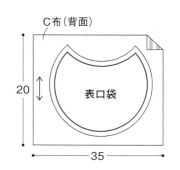

C 布（背面）

表口袋

20

35

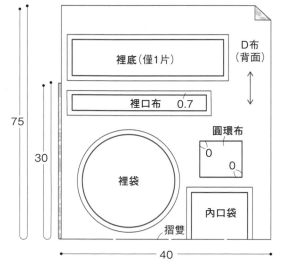

裡底（僅1片）

裡口布　0.7

裡袋

圓環布

0

0

內口袋

摺雙

D 布（背面）

75

30

40

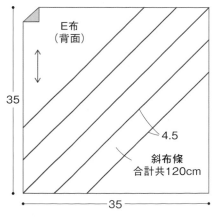

E 布（背面）

斜布條
合計共120cm

4.5

35

35

【作法順序】

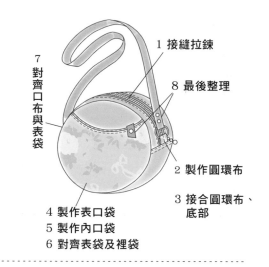

1 接縫拉鍊

8 最後整理

2 製作圓環布

3 接合圓環布、底部

4 製作表口袋
5 製作內口袋
6 對齊表袋及裡袋

7 對齊口布與表袋

【作法】

※事先於各裁片黏貼黏著襯
　及黏著棉襯

1 接縫拉鍊
（P.42）

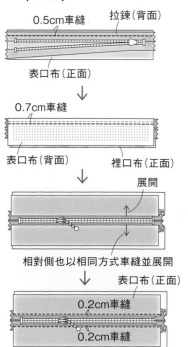

0.5cm車縫　拉鍊（背面）

表口布（正面）

↓

0.7cm車縫

表口布（背面）　裡口布（正面）

↓

展開

相對側也以相同方式車縫並展開

↓

表口布（正面）

0.2cm車縫

0.2cm車縫

2 製作圓環布

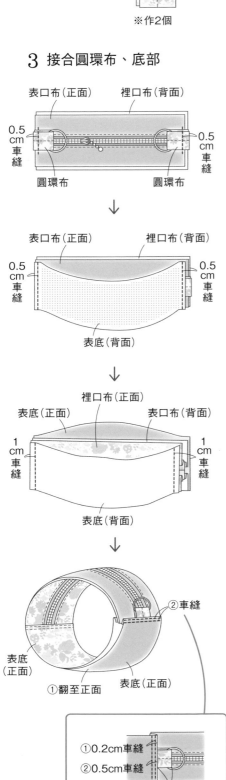

3.5
①摺疊
②重疊 1cm
圓環布（正面）

車縫於中心

↓

①穿入圓環
②對摺
※作2個

3 接合圓環布、底部

表口布（正面）　裡口布（背面）
0.5cm車縫　　0.5cm車縫
圓環布　　圓環布

↓

表口布（正面）　裡口布（背面）
0.5cm車縫　　0.5cm車縫
表底（背面）

↓

表底（正面）　表口布（背面）
裡口布（正面）
1cm車縫　　1cm車縫
表底（背面）

↓

表底（正面）
②車縫
①翻至正面
表底（背面）

①0.2cm車縫
②0.5cm車縫
2.5

4 製作表口袋

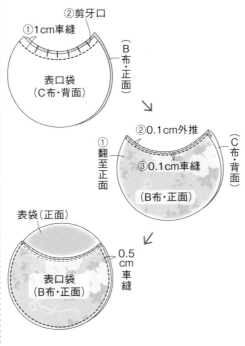

②剪牙口
①1cm車縫
（B布・正面）
表口袋（C布・背面）

↓

②0.1cm外推
①翻至正面
③0.1cm車縫
（C布背面）
（B布・正面）

↓

表袋（正面）
0.5cm車縫
表口袋（B布・正面）

5 製作內口袋

摺雙
內口袋（背面）
1cm車縫
留下5cm返口不車縫

→

翻至正面摺入返口

↓

①摺疊1cm
②0.1cm車縫

↓

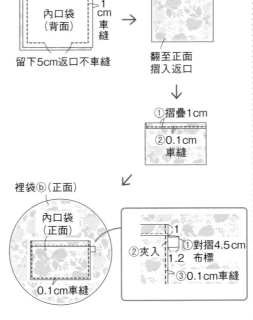

裡袋ⓑ（正面）
內口袋（正面）
0.1cm車縫

1
②夾入
1.2
①對摺4.5cm布標
③0.1cm車縫

6 對齊表袋及裡袋

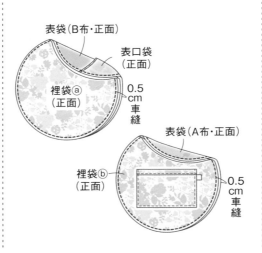

表袋（B布・正面）
表口袋（正面）
裡袋ⓐ（正面）
0.5cm車縫

表袋（A布・正面）
裡袋ⓑ（正面）
0.5cm車縫

7 對齊口布與表袋

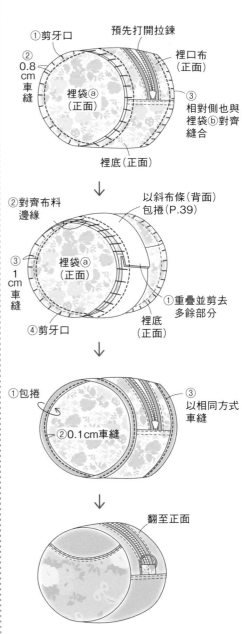

①剪牙口
②0.8cm車縫
裡袋ⓐ（正面）
預先打開拉鍊
裡口布（正面）
③相對側也與裡袋ⓑ對齊縫合
裡底（正面）

↓

②對齊布料邊緣
以斜布條（背面）包捲（P.39）
③1cm車縫
裡袋ⓐ（正面）
①重疊並剪去多餘部分
④剪牙口
裡底（正面）

↓

①包捲
②0.1cm車縫
③以相同方式車縫

↓

翻至正面

8 最後整理

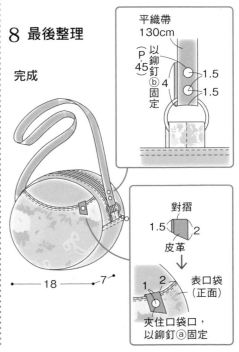

完成

18　7

平織帶130cm
（P.45）
以鉚釘ⓑ固定
1.5
1.5
4

↓

對摺
1.5　2
皮革

↓

表口袋（正面）
1　2
夾住口袋口，以鉚釘ⓐ固定

P.9　No.4　褶襉斜背包

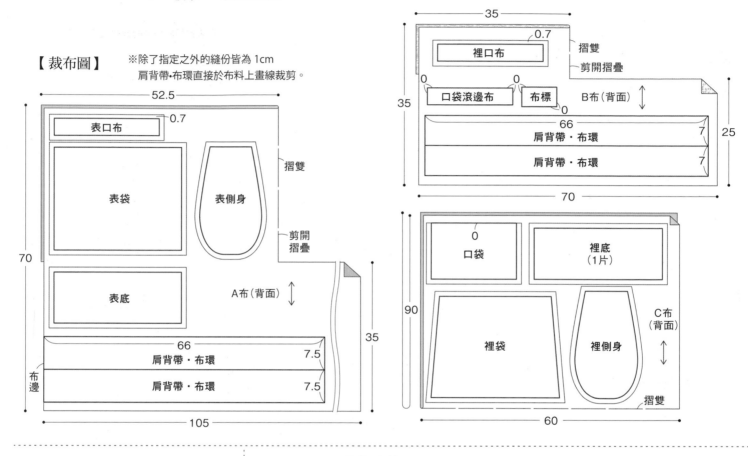

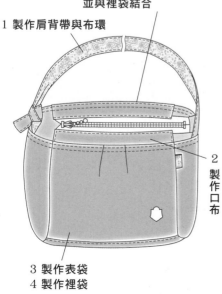

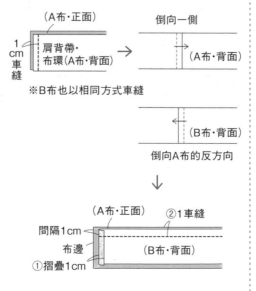

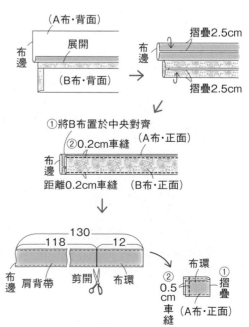

原寸紙型 A 面

【材料】

A 布（fabric bird ／原色亞麻布　Q Raja・Ruby）‧‧寬 105cm　70cm

B 布（花卉圖案棉 lawn）‧‧寬 70cm　35cm

C 布（灰色素面亞麻布）‧‧寬 60cm　90cm

拉鍊（30cm）‧‧1 條

蕾絲裝飾片（3cm×2.3cm）‧‧1 片

鉚釘（6mm）‧‧2 組

皮革‧‧3 cm×4cm

【裁布圖】

※除了指定之外的縫份皆為 1cm
　肩背帶‧布環直接於布料上畫線裁剪。

A布（背面）

- 52.5
- 表口布　0.7
- 摺雙
- 表袋
- 表側身
- 剪開摺疊
- 表底
- 70
- 66　肩背帶‧布環　7.5
- 肩背帶‧布環　7.5
- 布邊
- 105
- 35

B布（背面）

- 35
- 0.7
- 裡口布
- 摺雙
- 剪開摺疊
- 0
- 口袋滾邊布　布標　0
- 35
- 66　肩背帶‧布環　7
- 肩背帶‧布環　7
- 70
- 25

C布（背面）

- 0
- 口袋
- 裡底（1片）
- 90
- 裡袋
- 裡側身
- 摺雙
- 60

【作法順序】

5 接合口布、布環、肩背帶，並與裡袋結合

1 製作肩背帶與布環

2 製作口布

3 製作表袋
4 製作裡袋

【作法】

1 製作肩背帶與布環

（A布‧正面）
1cm 車縫
肩背帶‧布環（A布‧背面）
→
倒向一側
（A布‧背面）

※B布也以相同方式車縫

（B布‧背面）
倒向A布的反方向

（A布‧正面）
間隔1cm
布邊
①摺疊1cm
②1車縫
（B布‧背面）

（A布‧背面）
展開
布邊
（B布‧背面）
→
摺疊2.5cm
布邊
摺疊2.5cm

①將B布置於中央對齊
②0.2cm車縫
（A布‧正面）
布邊
距離0.2cm車縫
（B布‧正面）

130
118　12
布邊　肩背帶　剪開　布環
②0.5cm 車縫（A布‧正面）
布環
①摺疊

2 製作口布

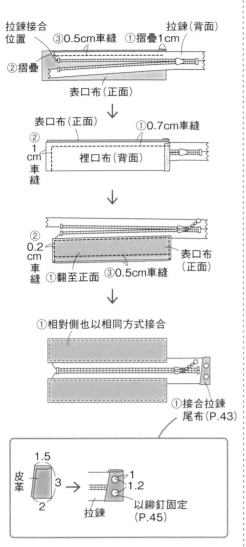

拉鍊接合位置　拉鍊(背面)
③0.5cm車縫　①摺疊1cm
②摺疊
表口布(正面)

表口布(正面)　①0.7cm車縫
②1cm車縫
裡口布(背面)

②0.2cm車縫
表口布(正面)
①翻至正面　③0.5cm車縫

①相對側也以相同方式接合

①接合拉鍊尾布(P.43)

1.5
皮革　3　1　1.2
2　拉鍊　以鉚釘固定(P.45)

3 製作表袋

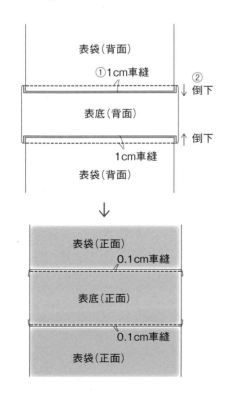

表袋(背面)
①1cm車縫　②↓倒下
表底(背面)
②↑倒下
1cm車縫
表袋(背面)

表袋(正面)
0.1cm車縫
表底(正面)
0.1cm車縫
表袋(正面)

---

①摺疊褶襉　②0.5cm車縫
③0.5cm車縫
表袋(正面)　布標
※另一片也摺疊褶襉

5　布標(正面)
3　→
重疊1cm　對摺

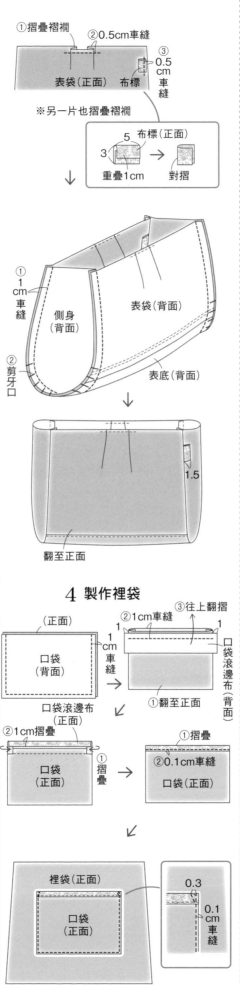

①1cm車縫
側身(背面)
②剪牙口
表袋(背面)
表底(背面)

翻至正面
1.5

4 製作裡袋

(正面)
口袋(背面)
①1cm車縫
②1cm車縫　③往上翻摺
口袋滾邊布(背面)
①翻至正面
口袋滾邊布(正面)

②1cm摺疊
口袋(正面)　摺疊
①摺疊
②0.1cm車縫
口袋(正面)

裡袋(正面)
口袋(正面)
0.3
0.1cm車縫

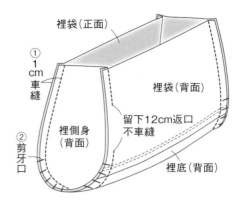

裡袋(正面)
①1cm車縫
裡袋(背面)
裡側身(背面)
留下12cm返口不車縫
②剪牙口
裡底(背面)

※以表袋的相同作法縫合裡袋與裡底

5 接合口布、布環、肩背帶，並與裡袋結合

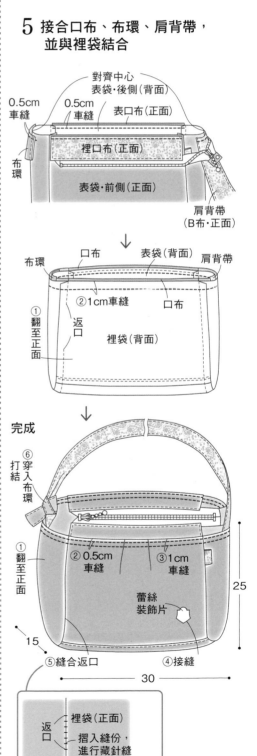

對齊中心
0.5cm車縫　0.5cm車縫
表袋・後側(背面)
表口布(正面)
裡口布(正面)
布環
表袋・前側(正面)
肩背帶(B布・正面)

布環　口布　表袋(背面)　肩背帶
②1cm車縫　口布
①翻至正面
返口
裡袋(背面)

完成

⑥打結穿入布環
①翻至正面
②0.5cm車縫　③1cm車縫
蕾絲裝飾片
⑤縫合返口　④接縫
15　30　25

返口　裡袋(正面)
摺入縫份，進行藏針縫(P.48)

P.10　No.5　大容量變形托特包

【材料】

A布（印花亞麻布）‧‧寬80cm　50cm

B布（fabric bird‧原色亞麻布 U billiards）

　　‧‧寬60cm　50cm

C布（卡其色素面亞麻布）‧‧寬60cm　100cm

平織帶（寬3.8cm）‧‧57cm　2條

問號鉤（32mm）‧‧1個

D形環（15mm）‧‧1個

磁釦（18mm）‧‧1組

磁釦墊布‧‧2cm×2cm　2片

布標（寬1cm）‧‧1片

【裁布圖】

※全部直接裁剪不加縫份

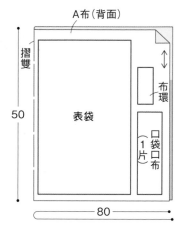

A布（背面）

摺雙

50

表袋

布環

口袋口布（1片）

80

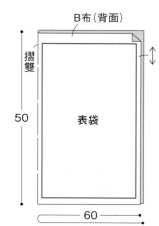

B布（背面）

摺雙

50

表袋

60

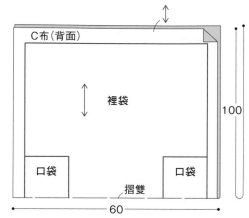

C布（背面）

裡袋

口袋

口袋

摺雙

100

60

【作法】

1 製作表袋

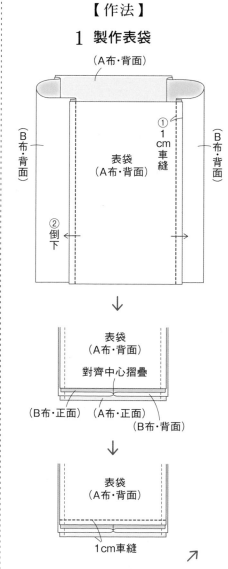

（A布‧背面）

（B布‧背面）

（B布‧背面）

表袋（A布‧背面）

① 1cm車縫

② 倒下

↓

表袋（A布‧背面）

對齊中心摺疊

（B布‧正面）（A布‧正面）（B布‧背面）

↓

表袋（A布‧背面）

1cm車縫

↗

【作法順序】

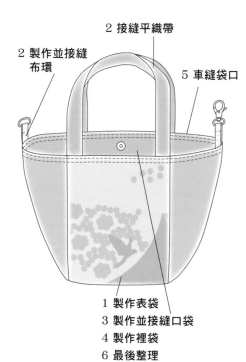

2 製作並接縫布環

2 接縫平織帶

2 製作並接縫布環

5 車縫袋口

1 製作表袋

3 製作並接縫口袋

4 製作裡袋

6 最後整理

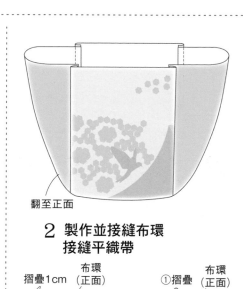

翻至正面

2 製作並接縫布環 接縫平織帶

摺疊1cm　布環（正面）　摺疊1cm → ①摺疊　布環（正面）　0.1cm車縫

↓

①對摺並穿入D形環　1.5cm車縫

問號鉤也以相同方式製作　問號鉤　1.5cm車縫

↓

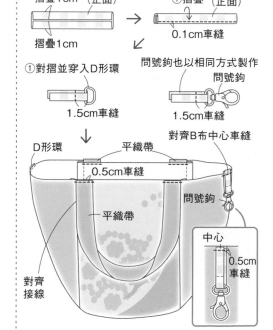

D形環　平織帶　0.5cm車縫　對齊B布中心車縫

平織帶

問號鉤

對齊接線

中心　0.5cm車縫

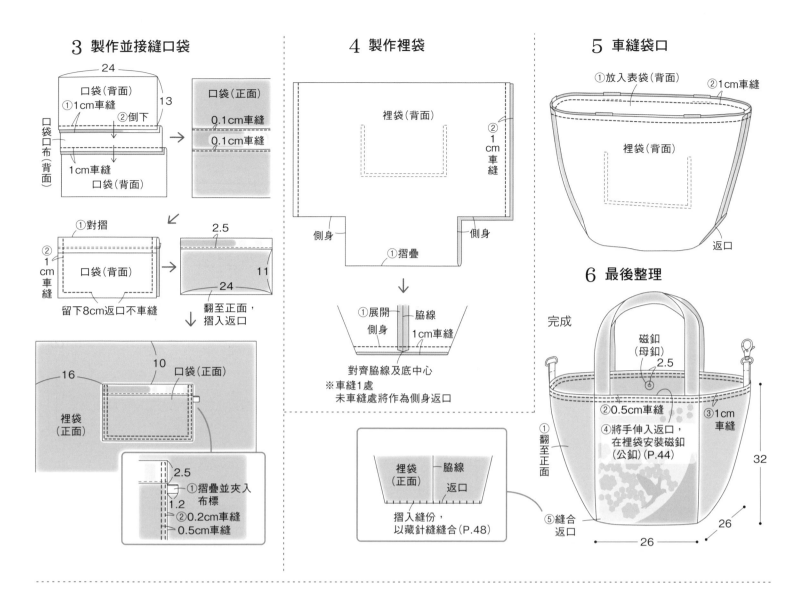

3 製作並接縫口袋

24

口袋（背面）
①1cm車縫
②倒下

13

口袋（正面）
0.1cm車縫
0.1cm車縫

口袋口布（背面）

1cm車縫
口袋（背面）

→

口袋（正面）

①對摺

②1cm車縫

口袋（背面）

2.5

11

24

留下8cm返口不車縫

翻至正面，摺入返口

↓

16
10
口袋（正面）

裡袋（正面）

2.5
1.2

①摺疊並夾入布標
②0.2cm車縫
0.5cm車縫

4 製作裡袋

裡袋（背面）

②1cm車縫

側身
側身
①摺疊

↓

①展開　脇線
側身　1cm車縫

對齊脇線及底中心
※車縫1處
未車縫處將作為側身返口

裡袋（正面）　脇線
返口

摺入縫份，
以藏針縫縫合(P.48)

5 車縫袋口

①放入表袋（背面）　②1cm車縫

裡袋（背面）

返口

6 最後整理

完成

磁釦（母釦）
2.5

①翻至正面

②0.5cm車縫
④將手伸入返口，在裡袋安裝磁釦（公釦）(P.44)
③1cm車縫

⑤縫合返口

32
26
26

P.12　No.6　皮革提把三角托特包

原寸紙型 B面

【材料】

A布（花卉印花亞麻布）‧‧寬45cm　80cm

B布（fabric bird‧原色亞麻布 113 卡其）‧‧寬45cm　80cm

皮帶（寬1cm）‧‧50cm　2條

皮革‧‧2cm×5cm

鉚釘ⓐ（9mm）‧‧2組

鉚釘ⓑ（7mm）‧‧1組

【裁布圖】　※除了指定處之外縫份皆為1cm

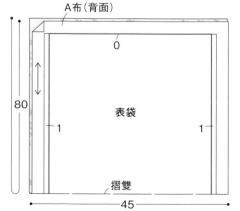

A布（背面）

0

80

表袋

1
1

摺雙

45

B布（背面）

0

80

裡袋

1
1

摺雙

45

【作法順序】

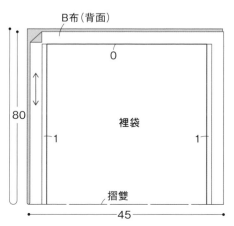

3 穿入提把

2 製作提把布

1 車縫脇邊

4 最後整理

※P.56接續

55

【作法】

1 車縫脇邊

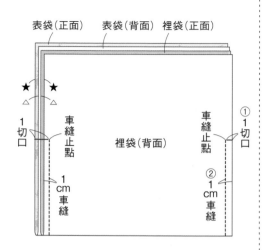

表袋（正面）　表袋（背面）　裡袋（正面）

★　★
△　△

1切口

車縫止點　車縫止點　①1切口

1cm車縫

裡袋（背面）

②1cm車縫

2 製作提把布

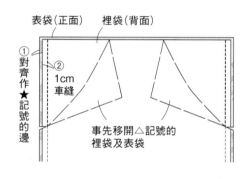

表袋（正面）　裡袋（背面）

①對齊作★記號的邊

②1cm車縫

事先移開△記號的裡袋及表袋

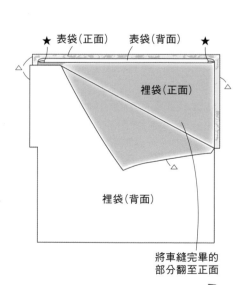

★　表袋（正面）　表袋（背面）　★
△　△

裡袋（正面）

裡袋（背面）

將車縫完畢的部分翻至正面

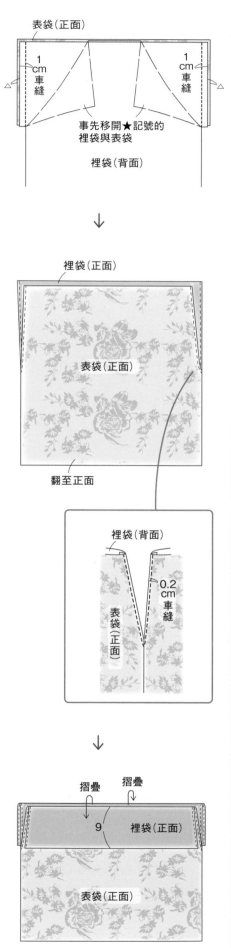

表袋（正面）

1cm車縫　1cm車縫

事先移開★記號的裡袋與表袋

裡袋（背面）

↓

裡袋（正面）

表袋（正面）

翻至正面

裡袋（背面）

0.2cm車縫

表袋（正面）

↓

摺疊　摺疊

9　裡袋（正面）

表袋（正面）

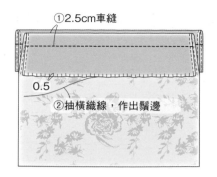

①2.5cm車縫

0.5

②抽橫織線，作出鬚邊

3 穿入提把

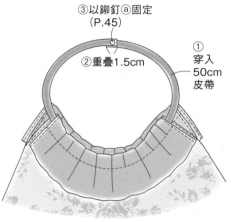

③以鉚釘ⓐ固定（P.45）

②重疊1.5cm

①穿入50cm皮帶

※另一邊也以相同方式穿入

4 最後整理

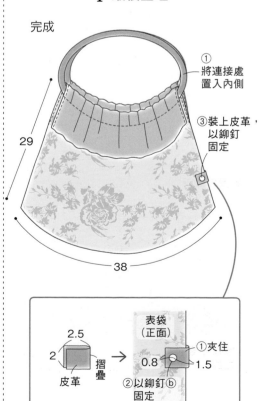

完成

①將連接處置入內側

③裝上皮革，以鉚釘固定

29

38

2.5

2　摺疊

皮革

表袋（正面）

①夾住

0.8　1.5

②以鉚釘ⓑ固定

P.13　No.7　梯形迷你波士頓包

原寸紙型 B面

【材料】

A布（花卉印花鋪棉布）‧‧寬100cm　25cm

B布（素色丹寧布）‧‧寬50cm　30cm

C布（花卉被單布）‧‧寬70cm　70cm

黏著棉襯‧‧50cm×30cm

雙向拉鍊（40cm）‧‧1條

棉織帶（寬12mm）‧‧17cm

提把‧約40cm（INAZUMA／YAH-40 # 870 焦茶色）‧‧1組

鈕釦（10mm、15mm、17mm）‧‧各1個

【裁布圖】

※除了指定處之外縫份皆為1cm　▨＝黏著棉襯

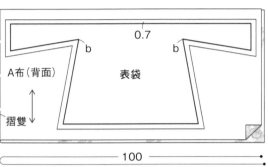

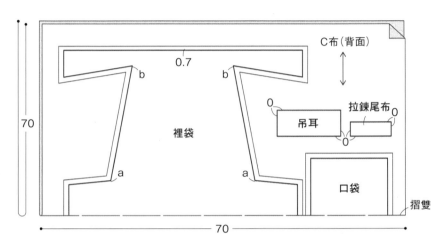

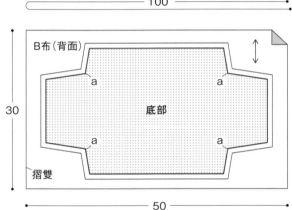

【作法順序】

2 接縫拉鍊

4 摺疊底部，與拉鍊縫合

1 製作並接縫口袋

3 接縫底部

5 車縫脇邊

6 最後整理

【作法】

1 製作並接縫口袋

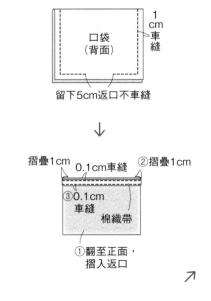

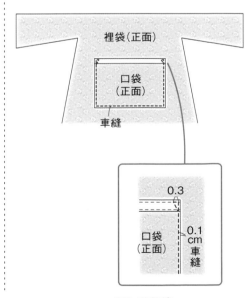

※P.58接續

57

2 接縫拉鍊

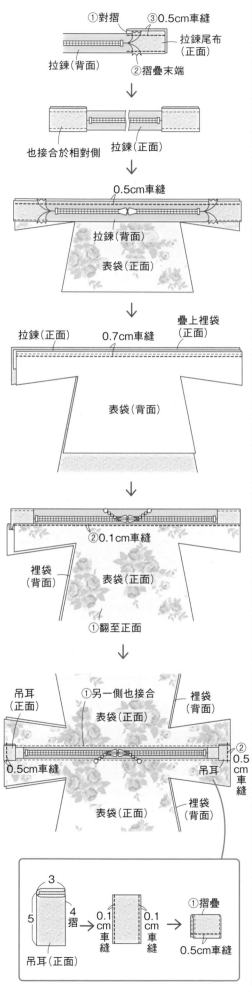

①對摺　③0.5cm車縫
拉鍊尾布（正面）
拉鍊（背面）
②摺疊末端

也接合於相對側　拉鍊（正面）

0.5cm車縫
拉鍊（背面）
表袋（正面）

拉鍊（正面）　0.7cm車縫　疊上裡袋（正面）
表袋（背面）

②0.1cm車縫
裡袋（背面）　表袋（正面）
①翻至正面

吊耳（正面）　①另一側也接合　裡袋（背面）
表袋（正面）
0.5cm車縫　吊耳
②0.5cm車縫
表袋（正面）　裡袋（背面）

3
5　4摺　→　0.1cm車縫　0.1cm車縫　→　①摺疊
吊耳（正面）　　0.5cm車縫

3 接縫底部

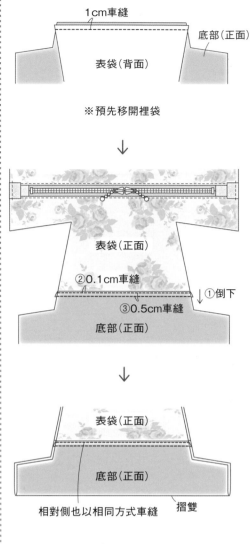

1cm車縫
表袋（背面）　底部（正面）

※預先移開裡袋

表袋（正面）
②0.1cm車縫　①倒下
③0.5cm車縫
底部（正面）

表袋（正面）
底部（正面）
相對側也以相同方式車縫　摺雙

4 摺疊底部，與拉鍊縫合

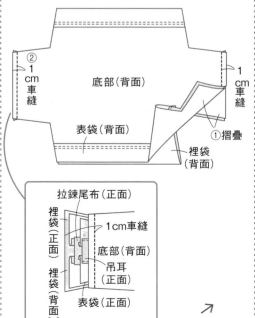

②1cm車縫　底部（背面）　1cm車縫
表袋（背面）　①摺疊　裡袋（背面）

拉鍊尾布（正面）
裡袋（正面）　1cm車縫
底部（背面）
裡袋（背面）　吊耳（正面）
表袋（正面）

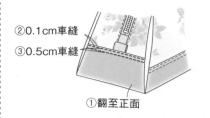

②0.1cm車縫
③0.5cm車縫
①翻至正面

5 車縫脇邊

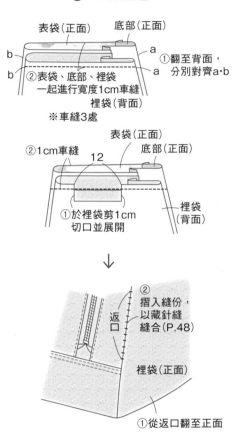

表袋（正面）　底部（正面）
b　　a　①翻至背面，分別對齊a・b
b　a
②表袋、底部、裡袋一起進行寬度1cm車縫
裡袋（背面）
※車縫3處

②1cm車縫　表袋（正面）　底部（正面）
12
①於裡袋剪1cm切口並展開　裡袋（背面）

②摺入縫份，以藏針縫縫合（P.48）
返口
裡袋（正面）
①從返口翻至正面

6 最後整理

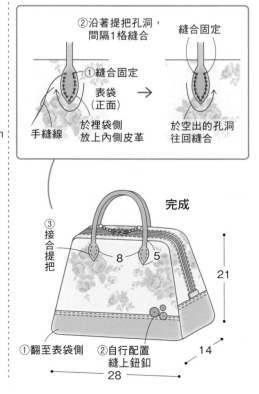

②沿著提把孔洞，間隔1格縫合　縫合固定
①縫合固定　表袋（正面）
手縫線　於裡袋側放上內側皮革　→　於空出的孔洞往回縫合

完成
③接合提把
8　5
21
①翻至表袋側　②自行配置縫上鈕釦
28　14

【材料】

A 布（花卉印花麻布）‧‧寬100cm　55cm

B 布（fabric bird／原色亞麻布 L 灰色）
　　‧‧75cm 寬60cm

C 布（英文字印花麻布）‧‧寬40cm　70cm

D 布（米色素面牛津布）‧‧寬55cm　80cm

黏著襯（薄）‧‧70cm×50cm

黏著棉襯‧‧65cm×50cm

滾邊條（10mm）‧‧150cm

磁釦（15mm）‧‧1組

磁釦墊布‧‧2cm×2cm　2片

拉鍊（25cm）‧‧1條

D 形環ⓐ（25mm）‧‧2個

D 形環ⓑ（10mm）‧‧1個

問號鉤（32mm）‧‧1個

提把‧約48cm

（INAZUMA／YAK-480 ♯11 黑）‧‧1組

皮革ⓐ‧2cm×6cm

皮革ⓑ‧1.5cm×5.5cm

鉚釘ⓐ（6mm）‧‧3個

鉚釘ⓑ（7mm）‧‧1個

【裁布圖】

※除了指定處之外縫份皆為1cm　　□＝黏著襯　　□＝黏著棉襯

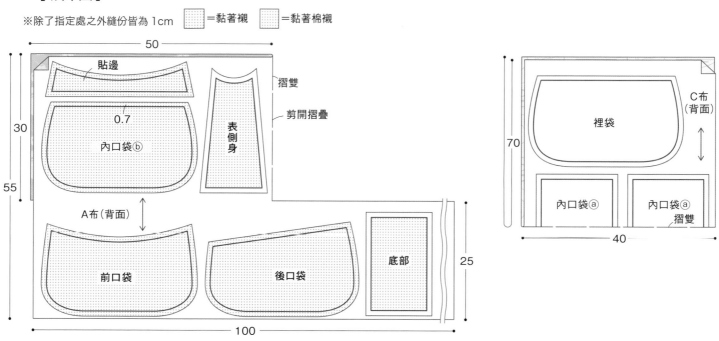

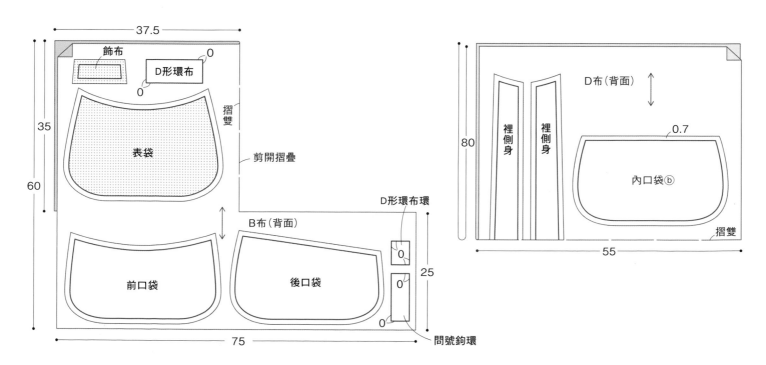

※P.60接續

【作法順序】

5 製作內口袋ⓑ
6 縫合內口袋ⓑ
　及裡側身

7 車縫貼邊及裡袋

8 縫合裡袋及裡側身

9 車縫袋口

1 製作前口袋
2 製作後口袋

3 車縫表側身及底部

4 縫合表袋及表側身
10 最後整理

【作法】

※事先於各裁片黏貼黏著襯及
黏著棉襯

1 製作前口袋

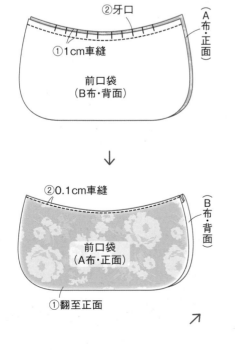

②牙口
①1cm車縫
前口袋
（B布‧背面）
（A布‧正面）

↓

②0.1cm車縫
前口袋
（A布‧正面）
（B布‧背面）
①翻至正面

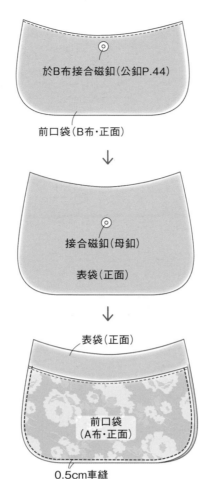

於B布接合磁釦（公釦P.44）
前口袋（B布‧正面）

↓

接合磁釦（母釦）
表袋（正面）

↓

表袋（正面）
前口袋
（A布‧正面）
0.5cm車縫

2 製作後口袋

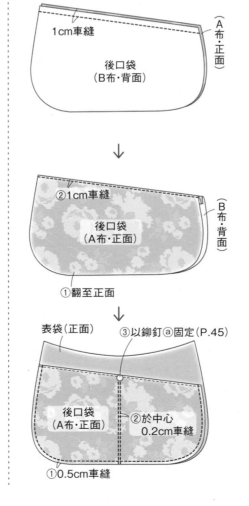

1cm車縫
後口袋
（B布‧背面）
（A布‧正面）

↓

②1cm車縫
後口袋
（A布‧正面）
（B布‧背面）
①翻至正面

↓

表袋（正面）
③以鉚釘ⓐ固定（P.45）
後口袋
（A布‧正面）
②於中心
0.2cm車縫
①0.5cm車縫

---

3 車縫表側身及底部

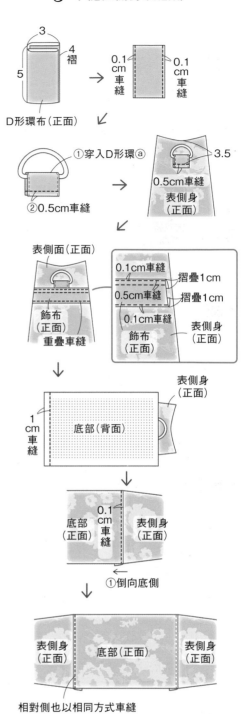

3
4 褶
5
D形環布（正面）

→

0.1cm車縫　0.1cm車縫

↓

①穿入D形環ⓐ
②0.5cm車縫

→

3.5
0.5cm車縫
表側身（正面）

↓

表側面（正面）
飾布（正面）
重疊車縫

0.1cm車縫　摺疊1cm
0.5cm車縫　摺疊1cm
0.1cm車縫
飾布（正面）　表側身（正面）

↓

表側身（正面）
1cm車縫
底部（背面）

↓

底部（正面）
0.1cm車縫
表側身（正面）
①倒向底側

↓

表側身（正面）　底部（正面）　表側身（正面）

相對側也以相同方式車縫

4 縫合表袋及表側身

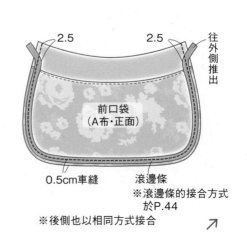

2.5　2.5　往外側推出
前口袋
（A布‧正面）
0.5cm車縫　滾邊條
※滾邊條的接合方式
於P.44
※後側也以相同方式接合

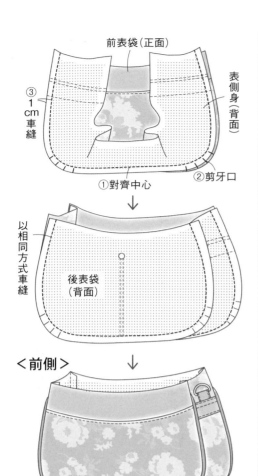

前表袋（正面）
表側身（背面）
③ 1cm車縫
② 剪牙口
① 對齊中心

↓

以相同方式車縫
後表袋（背面）

↓

＜前側＞

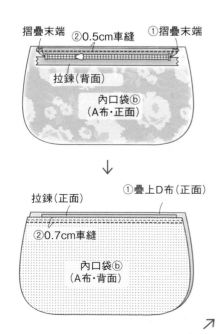

翻至正面

＜後片＞

5 製作內口袋ⓑ

摺疊末端 ②0.5cm車縫 ①摺疊末端
拉鍊（背面）
內口袋ⓑ（A布・正面）

↓

拉鍊（正面）
①疊上D布（正面）
②0.7cm車縫
內口袋ⓑ（A布・背面）

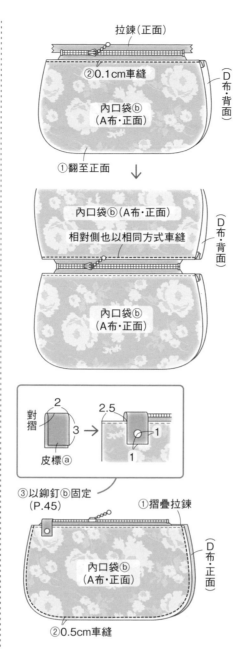

拉鍊（正面）
②0.1cm車縫
內口袋ⓑ（A布・正面）
D布背面
①翻至正面

內口袋ⓑ（A布・正面）
相對側也以相同方式車縫
D布・背面
內口袋ⓑ（A布・正面）

對摺 2 / 3 → 2.5 / 1 / 1
皮標ⓐ

③以鉚釘ⓑ固定（P.45）
①摺疊拉鍊
D布・正面
內口袋ⓑ（A布・正面）
②0.5cm車縫

6 縫合內口袋ⓑ與裡側身

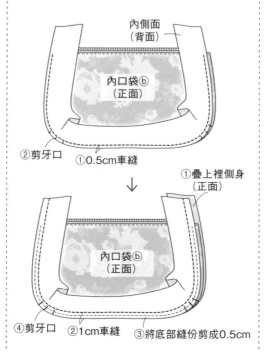

內側面（背面）
內口袋ⓑ（正面）
②剪牙口 ①0.5cm車縫

↓

①疊上裡側身（正面）
內口袋ⓑ（正面）
④剪牙口 ②1cm車縫 ③將底部縫份剪成0.5cm

---

7 車縫貼邊及裡袋

＜內口袋ⓐ＞

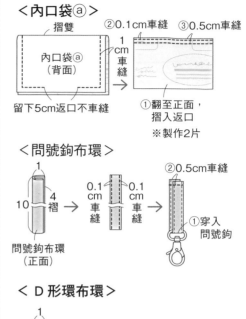

摺雙
②0.1cm車縫 ③0.5cm車縫
內口袋ⓐ（背面）
1cm車縫
留下5cm返口不車縫
①翻至正面，摺入返口
※製作2片

＜問號鉤布環＞

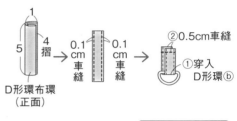

1 / 10 / 4摺
問號鉤布環（正面）
0.1cm車縫 0.1cm車縫
②0.5cm車縫
①穿入問號鉤

＜D形環布環＞

1 / 5 / 4摺
D形環布環（正面）
0.1cm車縫 0.1cm車縫
②0.5cm車縫
①穿入D形環ⓑ

↓

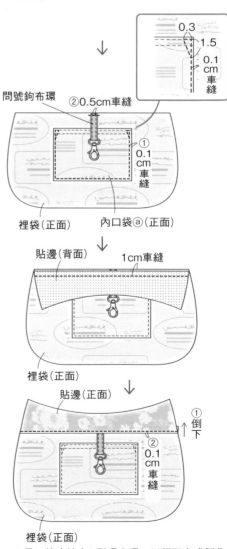

0.3 / 1.5 / 0.1cm車縫
問號鉤布環
②0.5cm車縫
①0.1cm車縫
裡袋（正面）
內口袋ⓐ（正面）

↓

貼邊（背面） 1cm車縫
裡袋（正面）

↓

貼邊（正面）
①倒下
②0.1cm車縫
裡袋（正面）

※另一片也接合D形環布環，以相同方式製作

※P.62接續

8 縫合裡袋及裡側身

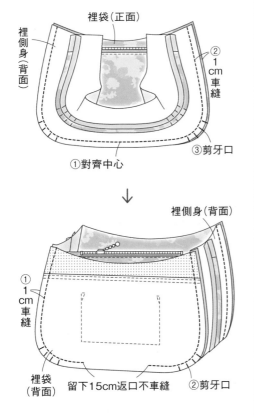

裡袋（正面）

裡側身（背面）

② 1cm車縫

③ 剪牙口

① 對齊中心

↓

裡側身（背面）

① 1cm車縫

留下15cm返口不車縫

裡袋（背面）

② 剪牙口

9 車縫袋口

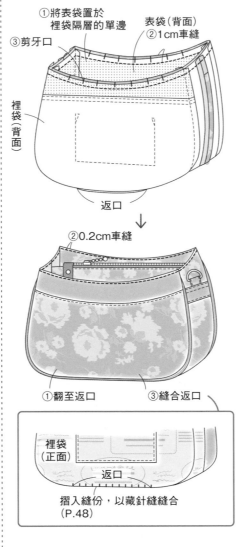

① 將表袋置於裡袋隔層的單邊

表袋（背面）

② 1cm車縫

③ 剪牙口

裡袋（背面）

返口

↓

② 0.2cm車縫

① 翻至返口

③ 縫合返口

裡袋（正面）

返口

摺入縫份，以藏針縫縫合（P.48）

10 最後整理

完成

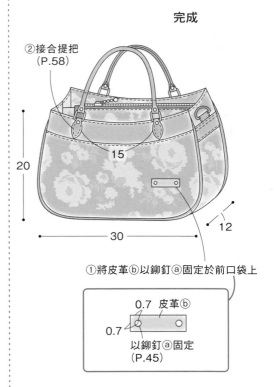

② 接合提把（P.58）

15

20

30

12

① 將皮革ⓑ以鉚釘ⓐ固定於前口袋上

0.7 皮革ⓑ

0.7

以鉚釘ⓐ固定（P.45）

P.16 No.9 口袋帆布托特包

原寸紙型 B面

【材料】

A布（原色11號帆布）‧‧寬80cm 60cm

B布（花卉印花棉布）‧‧寬80cm 45cm

C布（灰色素面牛津布）‧‧寬40cm 60cm

黏著襯（薄）‧‧40cm×10cm

人字織帶（寬2cm）‧‧35cm

磁釦（15mm）‧‧1組

磁釦墊布‧‧2cm×2cm 2片

D形環（15mm）‧‧1個

皮革ⓐ‧‧3cm×4cm

皮革ⓑ‧‧1.5cm×5.5cm

皮革ⓒ‧‧3cm×7.5cm

鉚釘ⓐ（7mm）‧‧7組

鉚釘ⓑ（6mm）‧‧2組

布標ⓐ（寬1.5cm）‧‧1片

布標ⓑ（寬1cm）‧‧1片

【作法順序】

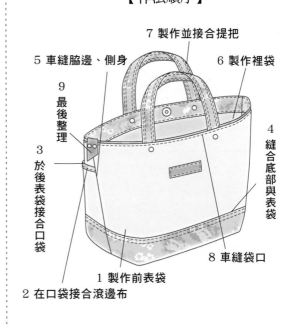

7 製作並接合提把

5 車縫脇邊、側身

6 製作裡袋

9 最後整理

3 於後表袋接合口袋

4 縫合底部與表袋

1 製作前表袋

2 在口袋接合滾邊布

8 車縫袋口

【裁布圖】　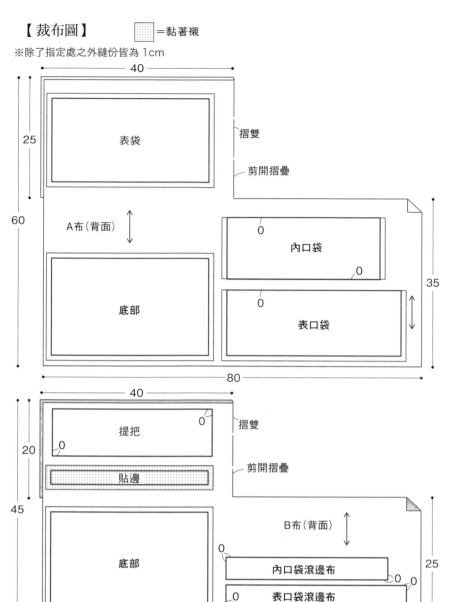=黏著襯

※除了指定處之外縫份皆為1cm

40

25

60

摺雙

剪開摺疊

表袋

A布（背面）

底部

35

內口袋

0

0

表口袋

0

80

C布（背面）

60

裡袋

摺雙

40

40

20

45

摺雙

提把

0

0

剪開摺疊

貼邊

底部

B布（背面）

25

內口袋滾邊布

0

0

0

表口袋滾邊布

0

80

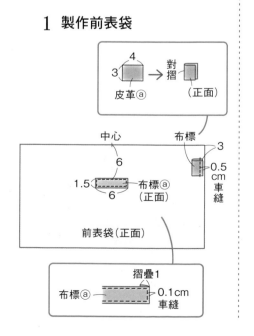

作法】

※事先於貼邊黏貼黏著襯

1 製作前表袋

4

3　→　對摺

皮革ⓐ　（正面）

中心　布標

6

1.5　布標ⓐ　（正面）

6

3

0.5cm車縫

前表袋（正面）

摺疊1

布標ⓐ　0.1cm車縫

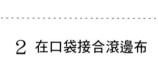

2 在口袋接合滾邊布

表口袋滾邊布（正面）

①4摺　②以熨斗熨壓

①對齊邊緣　②車縫於摺線

表口袋（背面）　表口袋滾邊布（背面）

①往上翻摺，包捲

②0.1cm車縫

表口袋滾邊布（正面）

表口袋（正面）

※內口袋也以相同方式製作

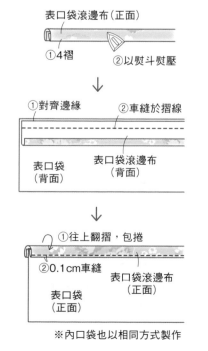

3 於後表袋接合口袋

後表袋（正面）

②0.3cm車縫

表口袋（正面）

①對齊中心

以鉚釘ⓑ固定（P.45）

表口袋（正面）

表口袋（正面）

對齊邊緣

②0.5cm車縫

①對接摺疊

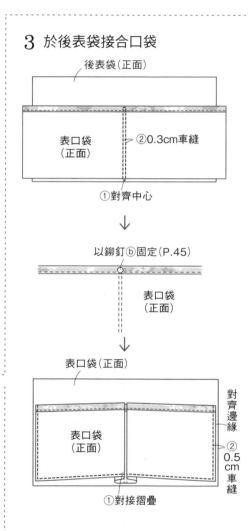

4 縫合底部與表袋

底部（B布・正面）

（A布・正面）

①重疊　②距離0.5車縫

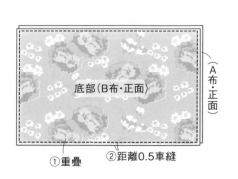

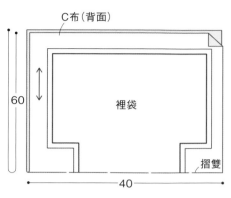

※P.64 接續

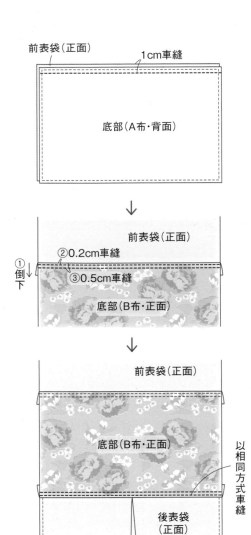

前表袋（正面）　　1cm車縫

底部（A布·背面）

↓

①倒下　②0.2cm車縫　前表袋（正面）

③0.5cm車縫

底部（B布·正面）

↓

前表袋（正面）

底部（B布·正面）

以相同方式車縫

後表袋（正面）

5 車縫脇邊、側身

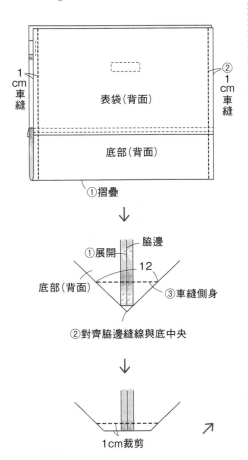

1cm車縫　表袋（背面）　②1cm車縫

底部（背面）

①摺疊

↓

①展開　脇邊　12

底部（背面）　③車縫側身

②對齊脇邊縫線與底中央

↓

1cm裁剪

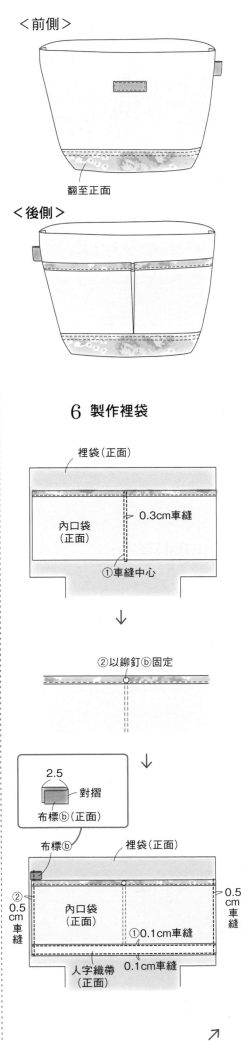

＜前側＞

翻至正面

＜後側＞

6 製作裡袋

裡袋（正面）

內口袋（正面）　0.3cm車縫

①車縫中心

↓

②以鉚釘⑤固定

↓

2.5　對摺

布標⑤（正面）

布標⑤　裡袋（正面）

②0.5cm車縫　內口袋（正面）　0.5cm車縫　①0.1cm車縫

人字織帶（正面）　0.1cm車縫

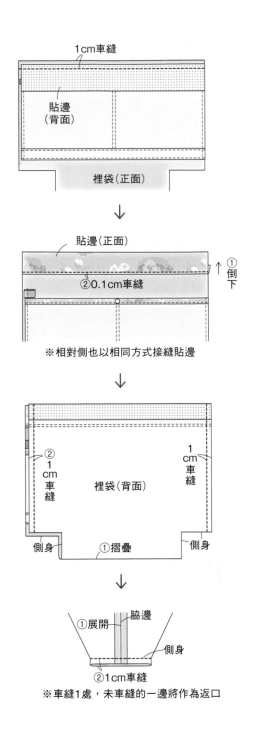

1cm車縫

貼邊（背面）

裡袋（正面）

↓

貼邊（正面）

①倒下　②0.1cm車縫

※相對側也以相同方式接縫貼邊

↓

②1cm車縫　裡袋（背面）　②1cm車縫

①摺疊　側身　側身

↓

①展開　脇邊

側身

②1cm車縫

※車縫1處，未車縫的一邊將作為返口

7 製作並接合提把

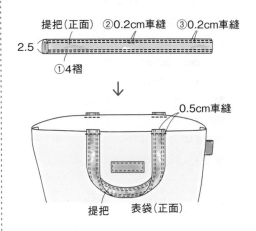

提把（正面）　②0.2cm車縫　③0.2cm車縫

2.5　①4褶

0.5cm車縫

提把　表袋（正面）

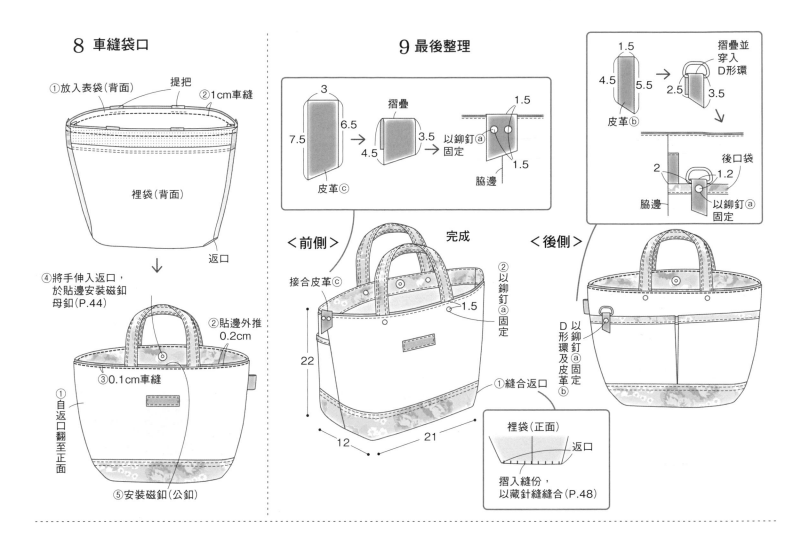

8 車縫袋口

①放入表袋(背面)　提把　②1cm車縫

裡袋(背面)

返口

↓

④將手伸入返口，於貼邊安裝磁釦母釦(P.44)

①自返口翻至正面

②貼邊外推0.2cm

③0.1cm車縫

⑤安裝磁釦(公釦)

9 最後整理

3
7.5　6.5
皮革ⓒ
→
摺疊
4.5　3.5
→
1.5
以鉚釘ⓐ固定
1.5
脇邊

〈前側〉　完成

接合皮革ⓒ

22

12　21

②以鉚釘ⓐ固定
1.5

①縫合返口

裡袋(正面)
返口
摺入縫份，以藏針縫縫合(P.48)

1.5
4.5　5.5
皮革ⓑ
→
摺疊並穿入D形環
2.5　3.5
↓

〈後側〉

D形環以鉚釘ⓐ固定及皮革ⓑ

後口袋
2　1.2
脇邊　以鉚釘ⓐ固定

P.17　No.10　鏤空提把圓形包

原寸紙型 B面

【材料】

A布(花卉印花棉布／decollections・CG0193)
　‥寬55cm　90cm

B布(青色素面牛津布／decollections・sm0083r)
　‥寬55cm　90cm

黏著襯(薄)‥80cm×45cm

棉織帶(寬1.2cm)‥15cm

布標(寬2cm)‥1片

皮革‥2.5cm×4cm

【裁布圖】

※全部縫份皆為1cm　　☐=黏著襯

A布(背面)

90

表袋

表口袋　摺雙

55

黏著襯黏貼於表底

B布(背面)

90

表底・裡底(各1枚)

裡袋

內口袋　摺雙

55

【作法順序】

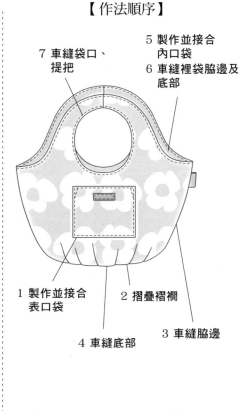

7 車縫袋口、提把

5 製作並接合內口袋

6 車縫裡袋脇邊及底部

1 製作並接合表口袋

2 摺疊褶襉

3 車縫脇邊

4 車縫底部

※P.66接續

【作法】
※事先於各裁片黏貼黏著襯

1 製作並接合表口袋

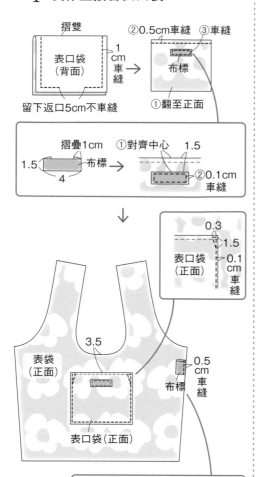

摺雙
表口袋（背面）
1cm車縫
②0.5cm車縫 ③車縫
留下返口5cm不車縫
布標
①翻至正面

摺疊1cm ①對齊中心 1.5
1.5 布標→
4
②0.1cm車縫

0.3
1.5
表口袋（正面）
0.1cm車縫

3.5
表袋（正面）
0.5cm車縫
布標
表口袋（正面）

4
2.5
皮革
→ 對摺
2
（正面）

2 摺疊褶襉

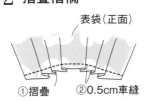

表袋（正面）
①摺疊 ②0.5cm車縫

3 車縫脇邊

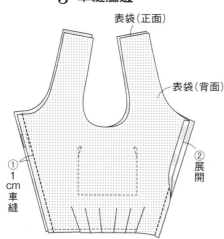

表袋（正面）
表袋（背面）
①1cm車縫
②展開

4 車縫底部

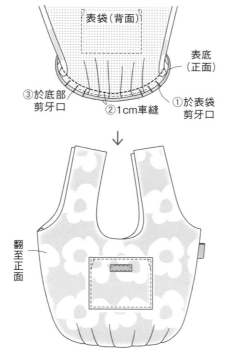

表袋（背面）
表底（正面）
③於底部剪牙口
②1cm車縫
①於表袋剪牙口

翻至正面

5 製作並接合內口袋

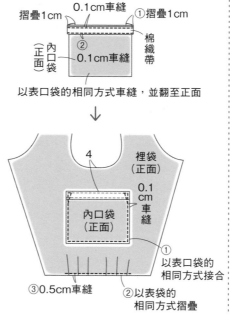

摺疊1cm 0.1cm車縫 ①摺疊1cm
② 棉織帶
內口袋（正面）
0.1cm車縫

以表口袋的相同方式車縫，並翻至正面

4
裡袋（正面）
0.1cm車縫
內口袋（正面）
①以表口袋的相同方式接合
②以表袋的相同方式摺疊
③0.5cm車縫

6 車縫裡袋脇邊及底部

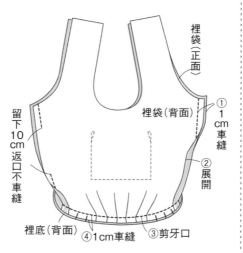

裡袋（正面）
裡袋（背面）
①1cm車縫
②展開
留下10cm返口不車縫
裡底（背面）
④1cm車縫 ③剪牙口

7 車縫袋口、提把

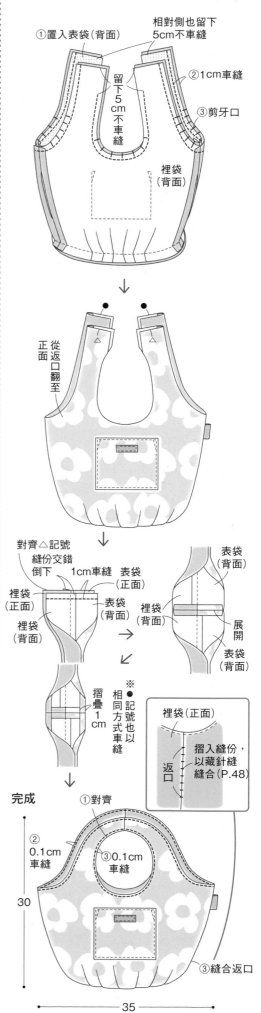

①置入表袋（背面）
相對側也留下5cm不車縫
②1cm車縫
留下5cm不車縫
③剪牙口
裡袋（背面）

正面 從返口翻至

對齊△記號
縫份交錯倒下 1cm車縫 表袋（正面）
裡袋（正面） 表袋（背面）
裡袋（背面）
表袋（背面）
裡袋（背面） 展開 表袋（背面）

摺疊1cm

※●記號也以相同方式車縫

裡袋（正面）
摺入縫份，以藏針縫縫合（P.48）
返口

完成
①對齊
②0.1cm車縫 ③0.1cm車縫
30
③縫合返口
35

66

P.18　No.11　半圓形旅行包

【材料】

A 布（地圖印花麻布）‧‧寬 100cm　50cm
B 布（花卉印花麻布）‧‧寬 70cm　40cm
C 布（焦茶色素面牛津布／decollections‧d1yf373）
　　‧‧寬 75cm　40cm
D 布（卡其色素面麻布）‧‧寬 55cm　60cm
E 布（米色素面鋪棉布）‧‧寬 75cm　100cm
F 布（焦糖色合成皮布）‧‧寬 75cm　35cm
拉鍊（16cm）‧‧1 條
雙向拉鍊（60cm）‧‧1 條
平織帶（寬 3.8cm）‧‧350cm
棉織帶（寬 3.5cm）‧‧5cm

D 形環ⓐ（40mm）‧‧2 個
D 形環ⓑ（15mm）‧‧1 個
D 形環ⓒ（10mm）‧‧1 個
日型環（40mm）‧‧1 個
問號鉤（32mm）‧‧1 個
鉚釘ⓐ（6mm）‧‧2 組
鉚釘ⓑ（7mm）‧‧1 組
皮帶（寬 1cm）‧‧18cm
皮革‧‧1.5cm×4.5cm

【裁布圖】
※除了指定處之外縫份皆為 1cm
斜布條直接於布料上畫線裁剪

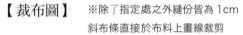

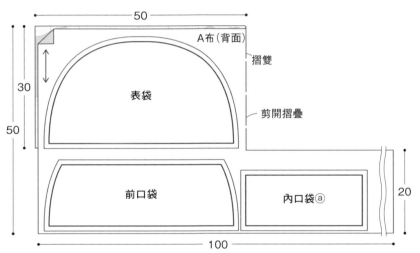

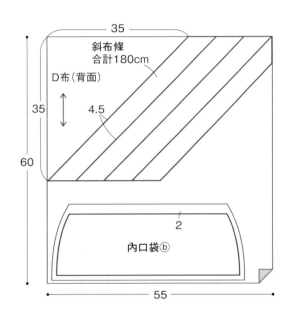

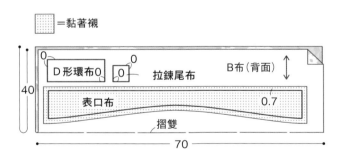

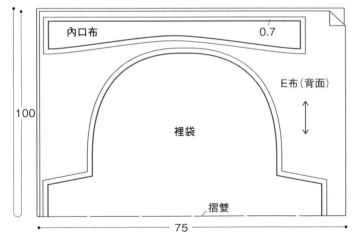

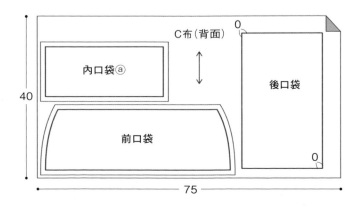

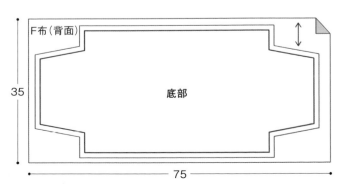

※P.68接續

【作法順序】

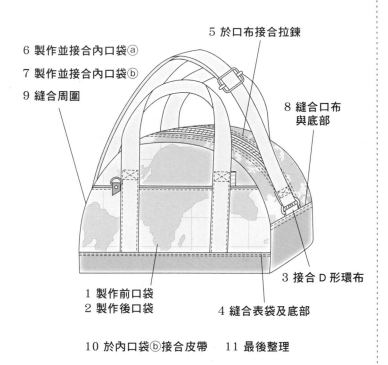

6 製作並接合內口袋ⓐ
7 製作並接合內口袋ⓑ
9 縫合周圍
5 於口布接合拉鍊
8 縫合口布與底部
3 接合 D 形環布
1 製作前口袋
2 製作後口袋
4 縫合表袋及底部

10 於內口袋ⓑ接合皮帶　11 最後整理

【作法】

※事先於表口布黏貼黏著襯

1 製作前口袋

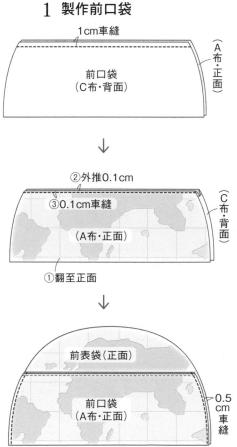

1cm車縫

（A布‧正面）

前口袋
（C布‧背面）

②外推0.1cm
③0.1cm車縫

（C布‧背面）

（A布‧正面）

①翻至正面

前表袋（正面）

前口袋
（A布‧正面）

0.5cm車縫

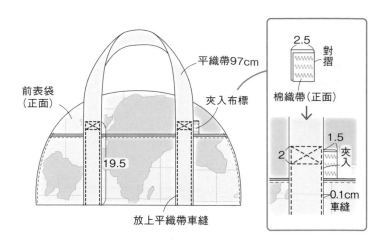

平織帶97cm

前表袋
（正面）

夾入布標

19.5

放上平織帶車縫

2.5
對摺

棉織帶（正面）

1.5
2
夾入

0.1cm車縫

2 製作後口袋

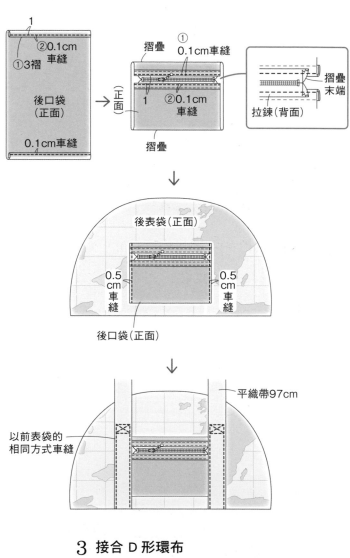

1
②0.1cm車縫
①3褶

後口袋
（正面）

0.1cm車縫

摺疊
①
0.1cm車縫

（正面）

1
②0.1cm車縫

摺疊

摺疊末端

拉鍊（背面）

後表袋（正面）

0.5cm車縫
0.5cm車縫

後口袋（正面）

平織帶97cm

以前表袋的
相同方式車縫

3 接合 D 形環布

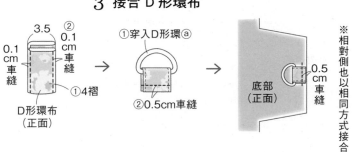

3.5
②0.1cm車縫
0.1cm車縫
①4褶

D形環布
（正面）

①穿入D形環ⓐ
②0.5cm車縫

底部
（正面）

0.5cm車縫

※相對側也以相同方式接合

4 縫合表袋及底部

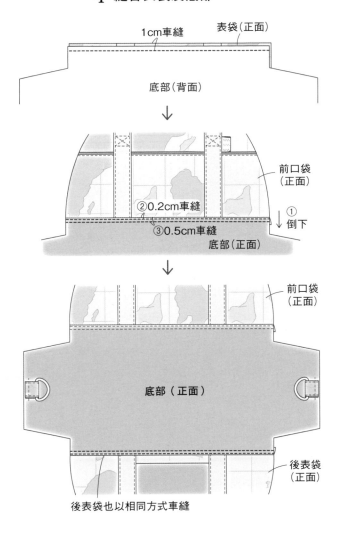

1cm車縫　表袋(正面)

底部(背面)

↓

前口袋
(正面)

②0.2cm車縫

①
↓
倒下

③0.5cm車縫

底部(正面)

↓

前口袋
(正面)

底部（正面）

後表袋
(正面)

後表袋也以相同方式車縫

5 於口布接合拉鍊（P.42）

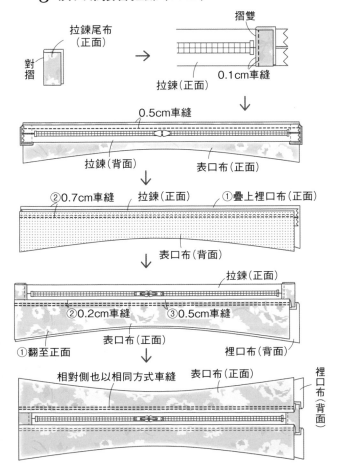

拉鍊尾布
(正面)

對摺

摺雙

0.1cm車縫

拉鍊(正面)

↓

0.5cm車縫

拉鍊(背面)　　表口布(正面)

↓

②0.7cm車縫　拉鍊(正面)　①疊上裡口布(正面)

表口布(背面)

↓

拉鍊(正面)

②0.2cm車縫　③0.5cm車縫

①翻至正面　表口布(正面)　裡口布(背面)

相對側也以相同方式車縫　表口布(正面)　裡口布(背面)

6 製作並接合內口袋ⓐ

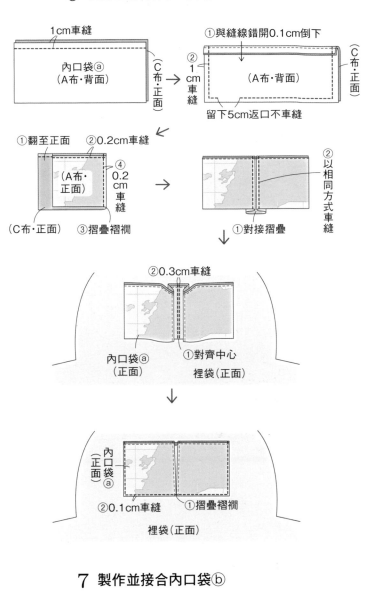

1cm車縫

內口袋ⓐ
(A布・背面)

(C布・正面)

→

①與縫線錯開0.1cm倒下

②
1
cm
車
縫

(A布・背面)

(C布・正面)

留下5cm返口不車縫

①翻至正面　②0.2cm車縫

(A布・
正面)

④
0.2
cm
車縫

(C布・正面)　③摺疊褶襉

→

②以相同方式車縫

①對接摺疊

②0.3cm車縫

內口袋ⓐ
(正面)

①對齊中心

裡袋(正面)

↓

內
口
袋
ⓐ
(正面)

②0.1cm車縫　①摺疊褶襉

裡袋(正面)

7 製作並接合內口袋ⓑ

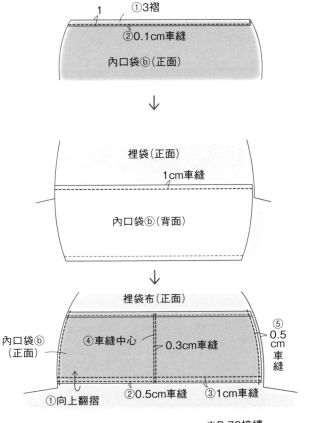

1　①3褶

②0.1cm車縫

內口袋ⓑ(正面)

↓

裡袋(正面)

1cm車縫

內口袋ⓑ(背面)

↓

裡袋布(正面)

內口袋ⓑ
(正面)

④車縫中心　0.3cm車縫

⑤
0.5
cm
車
縫

①向上翻摺　②0.5cm車縫　③1cm車縫

※P.70接續

8 縫合口布與底部

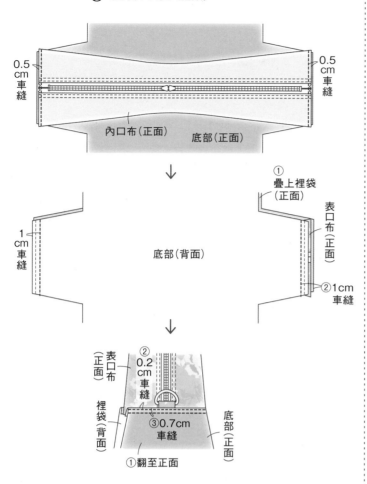

9 縫合周圍

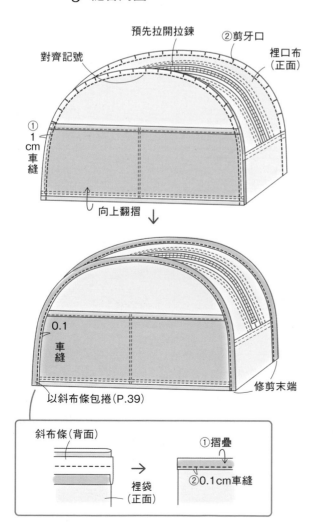

10 於內口袋ⓑ接合皮帶

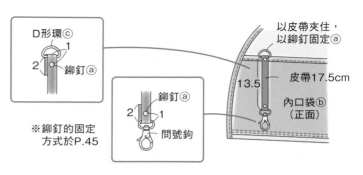

11 最後整理

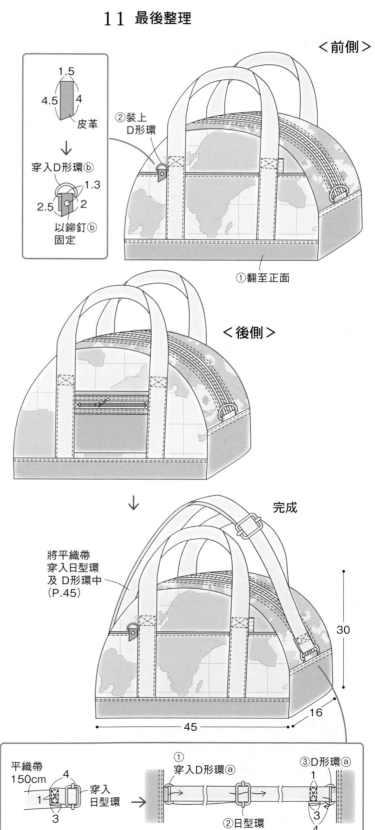

P.20　No.12　月見托特包

原寸紙型 B面

【材料】

A布（刺繡棉布）‧‧寬70cm　35cm
B布（直條紋棉布）‧‧寬70cm　35cm
C布（花卉印花麻布）‧‧寬40cm　45cm
D布（深藍素面麻布）‧‧寬60cm　40cm
E布（植物圖案棉布／ decollections‧d1yf618）
　　‧‧寬108cm　45cm
F布（青色素面棉布）‧‧寬35cm　40cm

黏著襯（薄）‧‧70cm×80cm
棉織帶（寬1.2cm）‧‧35cm
皮革ⓐ‧‧1.5cm×5.5cm　2片
皮革ⓑ‧‧3cm×4cm
鉚釘（7mm）‧‧2組

【裁布圖】 ※除了指定處之外縫份皆為1cm　▨=黏著襯

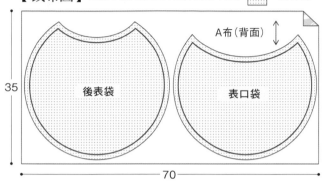
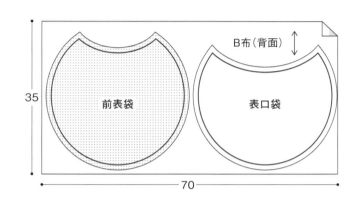

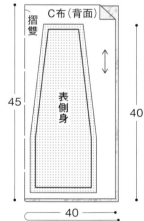
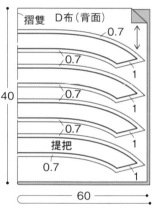
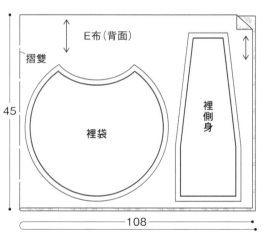
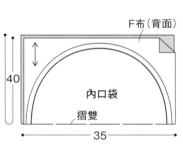

【作法順序】

1 製作提把
7 製作內口袋
8 縫合裡袋及裡側身
4 於後表袋接合提把
6 縫合表袋及表側身
9 車縫袋口
2 製作表口袋
3 於表袋接合口袋、提把
5 車縫側身

【作法】

1 製作提把

0.7cm車縫　（正面）
0.7cm車縫　提把（背面）

↓

②0.1cm車縫
0.1cm車縫
①翻至正面

※製作2條

2 製作表口袋

①1cm車縫　②剪牙口
表口袋（B布‧背面）
（A布‧正面）

↓

②0.2cm車縫
①翻至正面
表口袋（A布‧正面）
（B布‧背面）

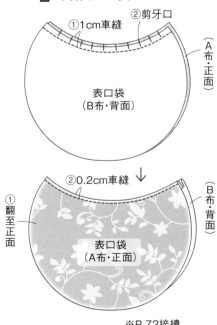

※P.72接續

3 於表袋接合口袋、提把

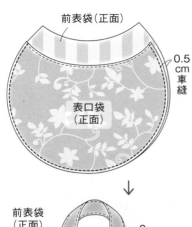

前表袋(正面)
0.5cm車縫
表口袋(正面)

↓

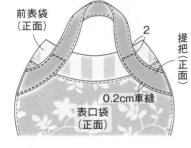

前表袋(正面)
2
提把(正面)
0.2cm車縫
表口袋(正面)

↓

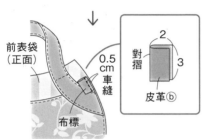

前表袋(正面)
0.5cm車縫
布標
對摺
2
3
皮革ⓑ

4 於後表袋接合提把

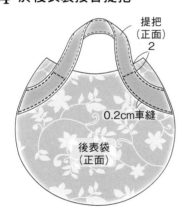

提把(正面)
2
0.2cm車縫
後表袋(正面)

5 車縫側身

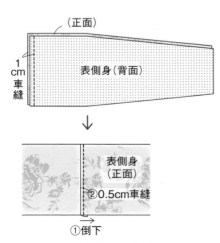

(正面)
1cm車縫
表側身(背面)

↓

表側身(正面)
②0.5cm車縫
①倒下

※裡側身也以相同方式車縫

6 縫合表袋及表側身

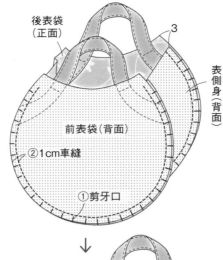

後表袋(正面)
3
表側身(背面)
前表袋(背面)
②1cm車縫
①剪牙口

↓

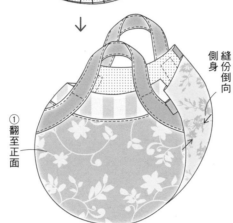

①翻至正面
側身
縫份倒向

7 製作內口袋

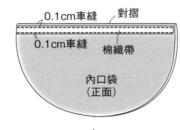

0.1cm車縫 對摺
0.1cm車縫 棉織帶
內口袋(正面)

↓

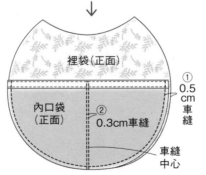

裡袋(正面)
①0.5cm車縫
內口袋(正面)
②0.3cm車縫
車縫中心

8 縫合裡袋及裡側身

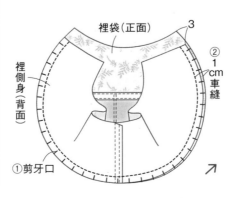

裡袋(正面)
3
裡側身(背面)
②1cm車縫
①剪牙口

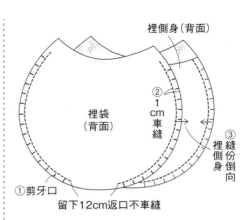

裡側身(背面)
裡袋(背面)
②1cm車縫
③縫份倒向
裡側身
①剪牙口
留下12cm返口不車縫

9 車縫袋口

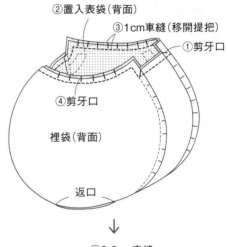

②置入表袋(背面)
③1cm車縫(移開提把)
①剪牙口
④剪牙口
裡袋(背面)
返口

↓

②0.2cm車縫
①翻至返口正面
③縫合返口

裡袋(正面)
裡側身(正面)
裡袋(正面)
返口
摺入縫份,以藏針縫縫合(P.48)

1.5
5
5.5
皮革ⓐ
↓
1.5
2.5
3
以鉚釘固定(P.45)

↓

完成

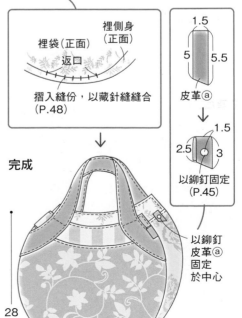

28
31
13

以鉚釘皮革ⓐ固定於中心

72

【材料】

A 布（花卉印花棉布／歐洲服飾布料 hideki・c12631pi）
・・寬 110cm　50cm
B 布（蕾絲棉布）・・寬 30cm　40cm
C 布（綿白無地）・・寬 30cm　40cm
D 布（焦茶素面合成皮布）・・寬 25cm　15cm
E 布（條紋棉布）・・寬 80cm　60cm
黏著棉襯・・90cm×35cm

黏著襯（薄）・・90cm×15cm
滾邊條（10mm）・・130cm
磁釦（18mm）・・1 組
磁釦用墊布・・2cm×2cm　2 片
提把（寬 2cm）・・48cm　2 條
鈕釦ⓐ（2cm）・・1 個
鈕釦ⓑ（1.5cm）・・2 個

【裁布圖】

※縫份皆為 1cm

▨ =黏著襯　▨ =黏著棉襯

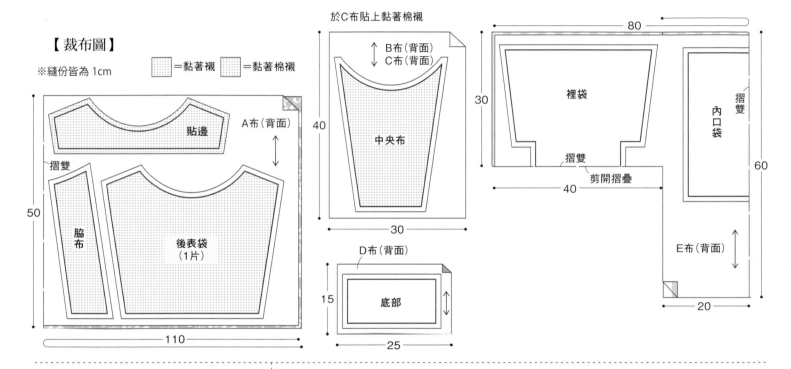

於C布貼上黏著棉襯

B布（背面）
C布（背面）

中央布

A布（背面）

貼邊

摺雙

脇布

後表袋
（1片）

50

110

40

30

D布（背面）

底部

15

25

80

裡袋

摺雙

剪開摺疊

40

內口袋

摺雙

E布（背面）

60

30

20

【作法順序】

3 接合提把
4 製作並接合內口袋
7 車縫袋口
5 接合貼邊
1 製作前表袋
2 製作表袋
6 車縫裡袋脇邊及側身

【作法】
※事先於各裁片黏貼黏著棉襯

1 製作前表袋

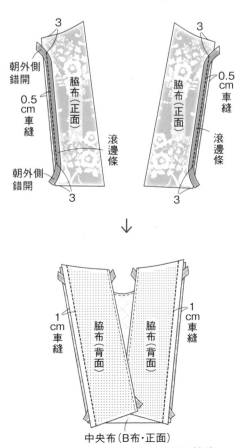

（C布・正面）
中央布（B布・正面）
① 重疊
② 0.5cm 車縫

3　中央布（B布・正面）　3
0.5cm 車縫
朝外側錯開
滾邊條

※滾邊條的接合方式於 P.44

3　脇布（正面）　3
朝外側錯開
0.5cm 車縫
滾邊條

1cm 車縫
脇布（背面）
1cm 車縫
中央布（B布・正面）

※P.74接續

2 製作表袋

脇布（正面）
展開 ①
中央布（B布・正面）
脇布（正面）
底部（背面）
②1cm車縫

↓

中央布（正面）
①往下翻摺
②0.5cm車縫
底（正面）
以前表袋的相同方式車縫
後表袋（正面）

↓

中央布（正面）
1cm車縫①
後表袋（背面）
②1cm車縫
側身 側身
底部（背面）
①摺疊
1cm
車縫
①展開脇邊
後表袋（背面）
側身
脇布（背面）
底部（正面）
②對齊脇邊縫線及底中心

3 接合提把

②0.5cm車縫
提把
①翻至正面
提把48cm

4 製作並接合內口袋

摺雙
內口袋（背面）
留下5cm返口不車縫
1cm車縫

↓

①翻至正面，摺入返口
②1摺疊
③0.1cm車縫

↓

①摺疊
內口袋（正面）
②0.2cm車縫
12

↓

12 18
以相同方式車縫

↓

裡袋（正面）
15
內口袋（正面）
0.3cm車縫

↓

裡袋（正面）
內口袋（正面）
①摺疊褶襉
②0.1cm車縫
0.3
1

5 接合貼邊

1cm車縫
裡袋（正面）
貼邊（背面）

↓

貼邊（正面）
0.2cm車縫
①向上翻摺

6 車縫裡袋脇邊及側身

①車縫
②1cm車縫
裡袋（背面）
留下13cm返口不車縫
①摺疊
側身 側身

↓

①展開
②0.5cm車縫
0.5cm車縫
脇邊 側身
②1cm車縫
裡袋（正面） 貼邊（正面）
①對齊脇邊縫線及中心

7 車縫袋口

①放入表袋（背面）
②1cm車縫
③剪牙口
裡袋（背面）
返口

↓

磁釦（母釦）
1.5
磁釦（公釦）

完成

①自返口翻至正面
②0.2cm車縫
③縫上
鈕釦ⓐ
鈕釦ⓑ
④將手伸入返口，於貼邊安裝磁釦，（P.44）
31
38
10
⑤摺入返口縫份，並以藏針縫縫合（P.48）

74

P.22　No.14　大型防水包

【材料】

A 布（印花防水布・銀河工房／ 1189 008：芥末黃）
　・・寬 95cm　70cm

B 布（原色素面防水布・銀河工房／ 6513 001：原色）
　・・寬 40cm　55cm

C 布（灰色素面 11 號帆布・銀河工房／ 0853 112：淺灰色）
　・・寬 55cm　90cm

D 布（花卉印花牛津布）・・寬 40cm　50cm

拉鍊（30cm）・・1 條

人字織帶（寬 2.5cm）・・55cm

棉織帶（寬 1.2cm）・・25cm

平織帶（寬 3.8cm）・・52cm　2 條

皮革・・1.5cm × 5 cm

D 形環（15mm）・・1 個

問號鉤(32mm)・・1 個

鉚釘（7mm）・・1 個

布標（寬 1.2cm）・・1 片

【裁布圖】　※除了指定處之外，縫份皆為 1cm

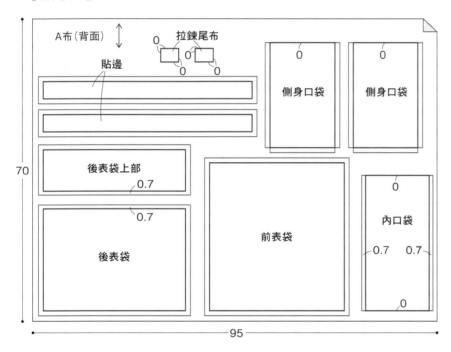

A 布（背面）
拉鍊尾布
貼邊
0　0　0　0
側身口袋　側身口袋
後表袋上部　0.7
後表袋　0.7
前表袋
內口袋　0　0.7　0.7　0
70
95

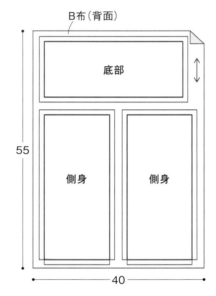

B 布（背面）
底部
側身　側身
55
40

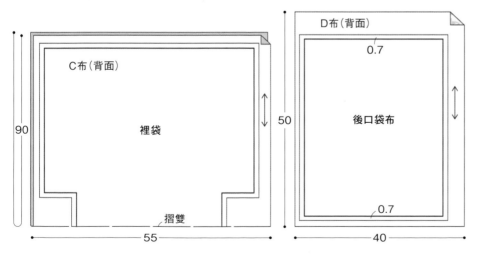

C 布（背面）
裡袋
摺雙
90
55

D 布（背面）
0.7
後口袋布
0.7
50
40

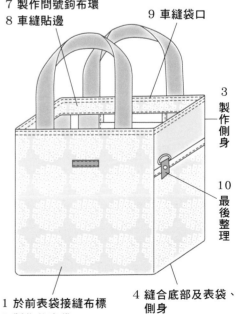

【作法順序】

5 製作裡袋
6 製作內口袋
7 製作問號鉤布環
8 車縫貼邊
9 車縫袋口
3 製作側身
10 最後整理
1 於前表袋接縫布標
2 製作後表袋
4 縫合底部及表袋、側身

※P.76 接續

【作法】

1 於前表袋接縫布標

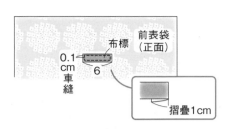

前表袋（正面）

布標

0.1cm車縫

6

摺疊1cm

2 製作後表袋（P.41）

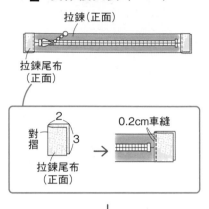

拉鍊（正面）

拉鍊尾布（正面）

對摺

2

3

0.2cm車縫

拉鍊尾布（正面）

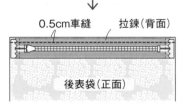

0.5cm車縫　拉鍊（背面）

後表袋（正面）

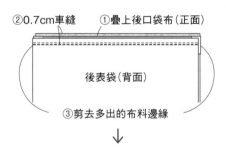

②0.7cm車縫　①疊上後口袋布（正面）

後表袋（背面）

③剪去多出的布料邊緣

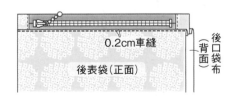

0.2cm車縫

後表袋（正面）

後口袋布（背面）

0.5cm車縫　拉鍊（背面）

後口袋布（正面）

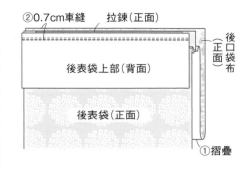

②0.7cm車縫　拉鍊（正面）

後表袋上部（背面）

後口袋布（正面）

後表袋（正面）

①摺疊

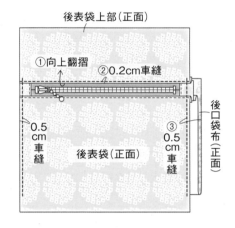

後表袋上部（正面）

①向上翻摺　②0.2cm車縫

0.5cm車縫

後表袋（正面）

後口袋布（正面）

③0.5cm車縫

3 製作側身

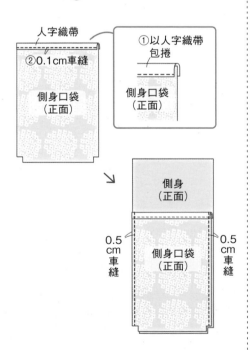

人字織帶

②0.1cm車縫

側身口袋（正面）

①以人字織帶包捲

側身口袋（正面）

側身（正面）

0.5cm車縫

側身口袋（正面）

0.5cm車縫

4 縫合底部及表袋、側身

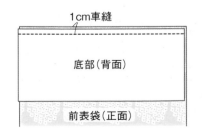

1cm車縫

底部（背面）

前表袋（正面）

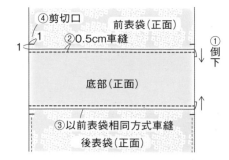

④剪切口

①1

②0.5cm車縫

前表袋（正面）

①倒下

底部（正面）

③以前表袋相同方式車縫

後表袋（正面）

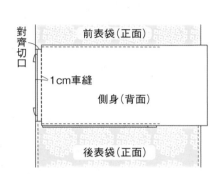

前表袋（正面）

對齊切口

1cm車縫

側身（背面）

後表袋（正面）

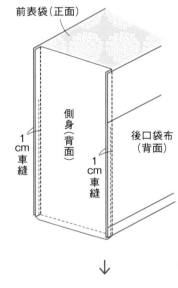

前表袋（正面）

側身（背面）

1cm車縫

後口袋布（背面）

1cm車縫

①以相同方式車縫

②翻至正面

5 製作裡袋

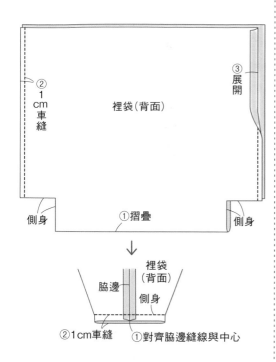

③展開

②1cm車縫

裡袋（背面）

側身 ①摺疊 側身

裡袋（背面）

脇邊 側身

②1cm車縫 ①對齊脇邊縫線與中心

6 製作內口袋

①以側身口袋的相同方式接合

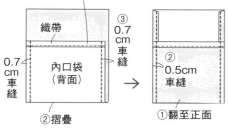

織帶

內口袋（背面）

0.7cm車縫

②摺疊

③0.7cm車縫

②0.5cm車縫

①翻至正面

7 製作問號鉤布環

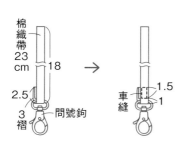

棉織帶23cm 18

2.5

3褶 問號鉤

車縫 1.5 1

8 車縫貼邊

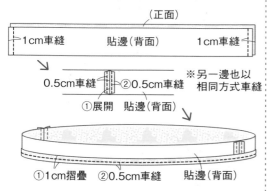

1cm車縫 貼邊（背面） 1cm車縫

0.5cm車縫 ②0.5cm車縫

①展開 貼邊（背面）

※另一邊也以相同方式車縫

①1cm摺疊 ②0.5cm車縫 貼邊（背面）

9 車縫袋口

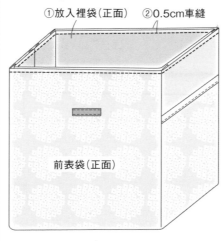

①放入裡袋（正面） ②0.5cm車縫

前表袋（正面）

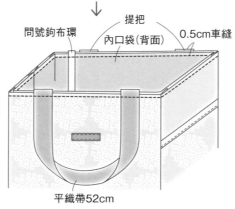

問號鉤布環 提把 0.5cm車縫

內口袋（背面）

平織帶52cm

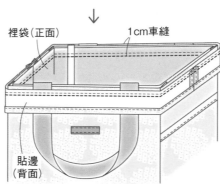

裡袋（正面） 1cm車縫

貼邊（背面）

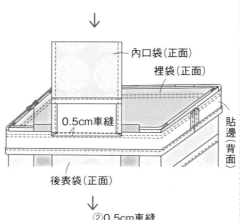

內口袋（正面）

裡袋（正面）

0.5cm車縫

貼邊（背面）

後表袋（正面）

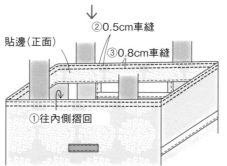

②0.5cm車縫

③0.8cm車縫

貼邊（正面）

①往內側摺回

10 最後整理

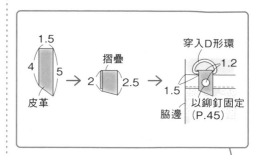

1.5

4 5

皮革

摺疊 2 2.5

穿入D形環 1.2

1.5

以鉚釘固定（P.45）

脇邊

完成

裝上D形環

＜前側＞

34

33 15

＜後側＞

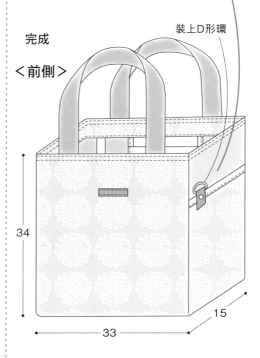

P.24 No.15 口金支架後背包

【材料】

A 布（花卉印花麻布）‥寬 70cm　80cm
B 布（英文印花麻布）‥寬 40cm　30cm
C 布（直條紋 hickory）‥寬 45cm　30cm
D 布（卡其色素面布）‥寬 35cm　70cm
E 布（直條紋棉麻布）‥寬 85cm　50cm
F 布（米色素面棉布）‥寬 45cm　120cm
G 布（墨黑色直條紋被單布）‥寬 40cm　20cm
雙向拉鍊（50cm）‥1 條
拉鍊（30cm）‥1 條
棉織帶ⓐ（寬 1.2cm）‥35cm
棉織帶ⓑ（寬 1.2cm）‥55cm
黏著襯（中厚）‥90cm×80cm

口金支架・約寬 24cm　高 6.5cm
（INAZUMA ／ BK-2461）‥1 組
平織帶（寬 3cm）‥90cm 2 條、24cm 2 條
皮革ⓐ‥1.5cm× 5 cm
皮革ⓑ‥4cm×4cm　2 片
D 形環ⓐ（15mm）‥1 個
D 形環ⓑ（30mm）‥2 個
日型環（30mm）‥2 個
鉚釘ⓐ（9mm）‥4 組
鉚釘ⓑ（7mm）‥1 組
鉚釘ⓒ（6mm）‥1 組
問號鉤（32mm）‥1 個

【裁布圖】

※除了指定處之外縫份皆為 1cm　　▨＝黏著襯

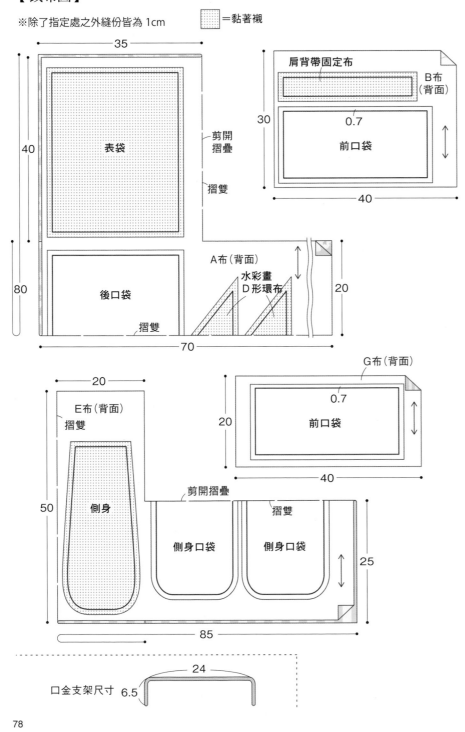

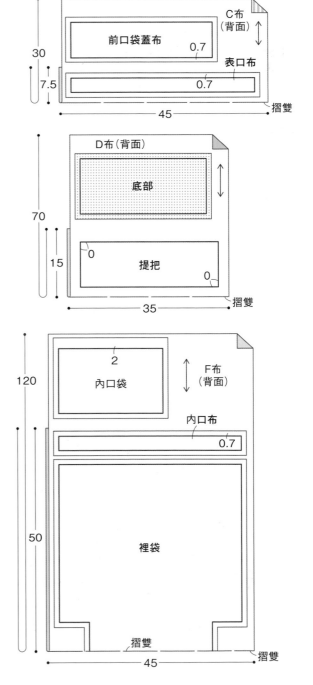

【作法順序】

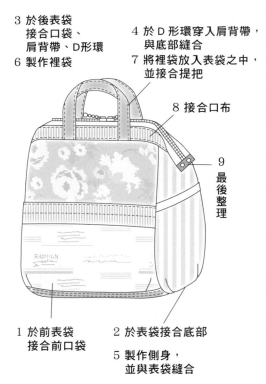

3 於後表袋
接合口袋、
肩背帶、D形環

4 於D形環穿入肩背帶，
與底部縫合

6 製作裡袋

7 將裡袋放入表袋之中，
並接合提把

8 接合口布

9 最後整理

1 於前表袋
接合前口袋

2 於表袋接合底部

5 製作側身，
並與表袋縫合

【作法】

※事先於各裁片黏貼黏著襯

1 於前表袋接合前口袋

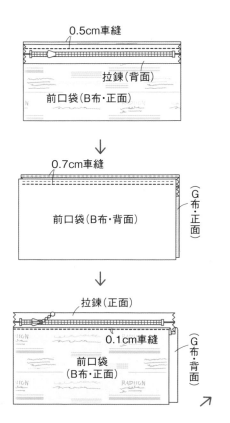

0.5cm車縫
拉鍊（背面）
前口袋（B布‧正面）

0.7cm車縫
前口袋（B布‧背面）
（G布‧正面）

拉鍊（正面）
0.1cm車縫
前口袋（B布‧正面）
（G布‧背面）

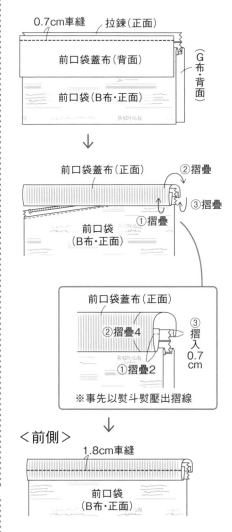

0.7cm車縫　拉鍊（正面）
前口袋蓋布（背面）
前口袋（B布‧正面）
（G布‧背面）

前口袋蓋布（正面）
②摺疊
③摺疊
①摺疊
前口袋（B布‧正面）

前口袋蓋布（正面）
②摺疊4
③摺入0.7cm
①摺疊2
※事先以熨斗熨壓出摺線

〈前側〉
1.8cm車縫
前口袋（B布‧正面）

〈後側〉
0.2cm車縫
前口袋（G布‧正面）

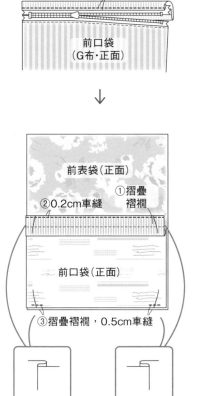

前表袋（正面）
①摺疊褶襉
②0.2cm車縫
前口袋（正面）
③摺疊褶襉，0.5cm車縫

---

2 於表袋接合底部

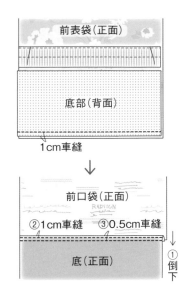

前表袋（正面）
底部（背面）
1cm車縫

前口袋（正面）
②1cm車縫　③0.5cm車縫
底（正面）
①倒下

3 於後表袋接合口袋、
肩背帶、D形環

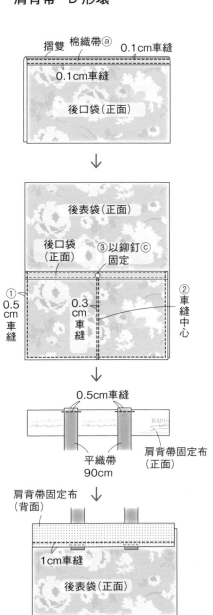

摺雙　棉織帶ⓐ　0.1cm車縫
0.1cm車縫
後口袋（正面）

後表袋（正面）
後口袋（正面）
③以鉚釘ⓒ固定
①0.5cm車縫
0.3cm車縫
②車縫中心

0.5cm車縫
平織帶90cm
肩背帶固定布（正面）

肩背帶固定布（背面）
1cm車縫
後表袋（正面）

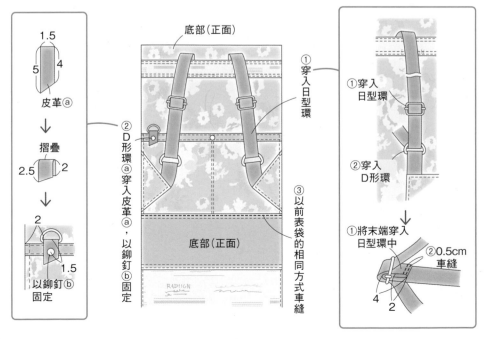

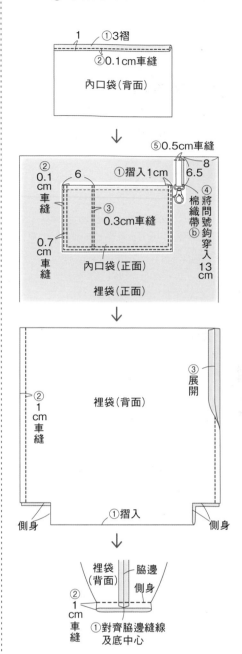

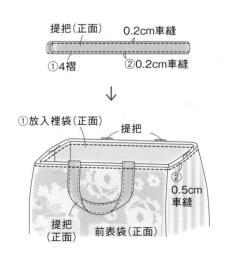

①向下翻摺
肩背帶固定布（正面）
②0.2cm車縫
③0.5cm車縫
④摺入
⑤0.2cm車縫 ⑥0.5cm車縫

肩背帶D形環布（背面）
12
D形環ⓑ 平織帶24cm
摺雙
1cm車縫
8

翻至正面
②0.5cm車縫

肩背帶D形環布（正面）
0.5cm車縫
0.5cm車縫

5 製作側身，並與表袋縫合

摺雙 0.1cm車縫
0.1cm車縫
棉織帶ⓑ
側身口袋（正面）
側身（正面）
側身口袋（正面）
②0.5cm車縫
①摺疊褶襉

前表袋（正面）
後表袋（背面）
側身（背面）
①1cm車縫
②剪牙口
③翻至正面

6 製作裡袋

1 ①3褶
②0.1cm車縫
內口袋（背面）

②0.1cm車縫
⑤0.5cm車縫
8
①摺入1cm
6.5
6
③0.3cm車縫
0.7cm車縫
④將問號鉤ⓑ穿入13cm
棉織帶
內口袋（正面）
裡袋（正面）

②1cm車縫
裡袋（背面）
③展開
①摺入
側身
側身

裡袋（背面）
脇邊
側身
②1cm車縫
①對齊脇邊縫線及底中心

4 於D形環穿入肩背帶，與底部縫合

1.5
5 4
皮革ⓐ

摺疊
2.5 2

2
1.5
以鉚釘ⓑ固定

底部（正面）
②D形環ⓐ穿入皮革ⓐ，以鉚釘ⓑ固定
底部（正面）
③以前表袋的相同方式車縫

①穿入日型環
②穿入D形環
①將末端穿入日型環中
②0.5cm車縫
4 2

7 將裡袋放入表袋之中，並接合提把

提把（正面） 0.2cm車縫
①4褶 ②0.2cm車縫

①放入裡袋（正面） 提把
②0.5cm車縫
提把（正面） 前表袋（正面）

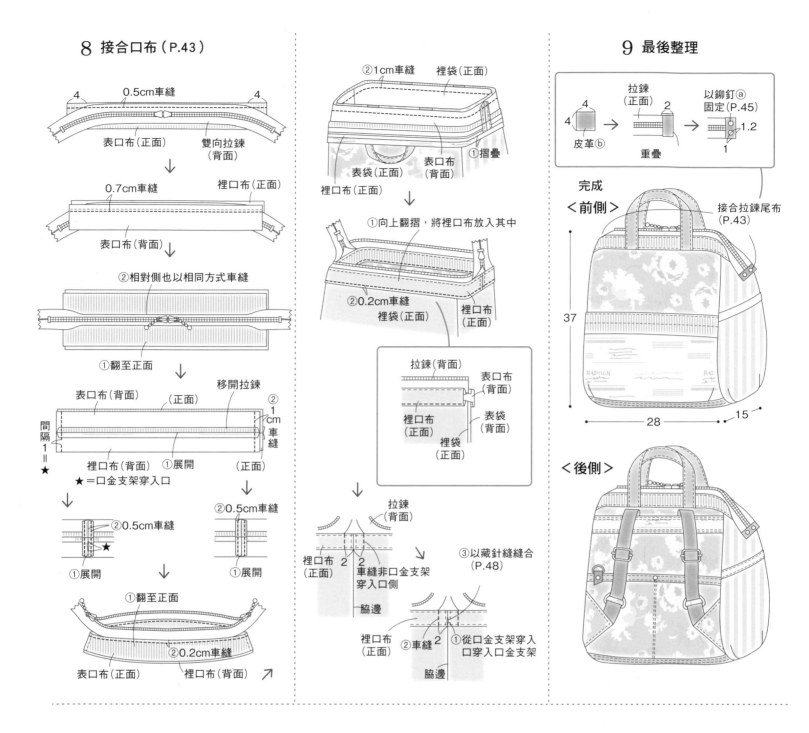

8 接合口布（P.43）

0.5cm車縫
4 ← → 4
表口布（正面） 雙向拉鍊（背面）

↓

0.7cm車縫 裡口布（正面）
表口布（背面）↓

②相對側也以相同方式車縫

①翻至正面

①翻至正面 移開拉鍊
表口布（背面）（正面） ②
間隔 1 ＝ ★ 1 cm 車縫
裡口布（背面）①展開 （正面）
★＝口金支架穿入口

②0.5cm車縫
②0.5cm車縫 ★
①展開 ②0.5cm車縫
①展開

①翻至正面
②0.2cm車縫
表口布（正面） 裡口布（背面）↗

②1cm車縫 裡袋（正面）
①摺疊
表袋（正面）
裡口布（正面） 表口布（背面）

↓

①向上翻摺，將裡口布放入其中
②0.2cm車縫
裡袋（正面） 裡口布（正面）

拉鍊（背面） 表口布（背面）
裡口布（正面） 表袋（背面）
裡袋（正面）

↓

拉鍊（背面）
裡口布（正面） 2 2 車縫非口金支架穿入口側
脇邊

③以藏針縫縫合（P.48）
裡口布（正面） 2 車縫 ①從口金支架穿入口穿入口金支架
脇邊

9 最後整理

4 4 拉鍊（正面） 2 以鉚釘ⓐ固定（P.45）
皮革ⓑ 重疊 1.2 1

完成
＜前側＞ 接合拉鍊尾布（P.43）
37
28 · 15

＜後側＞

P.26　No.16　三層拉鍊小肩包

原寸紙型 B 面

【材料】

A 布（花卉印花防水布）‧‧寬 55cm　45cm
B 布（米色素面防水布）‧‧寬 55cm　35cm
拉鍊ⓐ（25cm）‧‧1 條
拉鍊ⓑ（20cm）‧‧2 條
皮革ⓐ‧‧4cm×3cm
皮革ⓑ‧‧4.5 cm×1.8cm
D 形環（15mm）‧‧2 個
布標（寬 1cm）‧‧1 片
肩背帶‧寬 10mm　長 110cm
（INAZUMA ／ YAS-1011 ＃＃870 焦茶色）‧‧1 條
鉚釘ⓐ（7mm）‧‧2 組
鉚釘ⓑ（6mm）‧‧2 組

【作法順序】

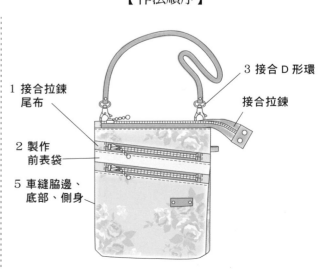

1 接合拉鍊尾布
3 接合 D 形環
接合拉鍊
2 製作前表袋
5 車縫脇邊、底部、側身

【裁布圖】

※除了指定處之外縫份皆為1cm

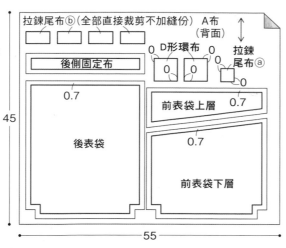

拉鍊尾布ⓑ（全部直接裁剪不加縫份）　A布（背面）

後側固定布　　　D形環布　　　拉鍊尾布ⓐ

0.7

後表袋

0　0　0　0

0.7　前表袋上層

0.7　前表袋下層

45

55

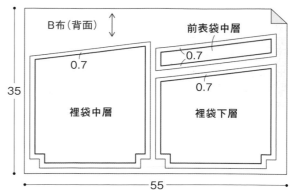

B布（背面）　　　前表袋中層

0.7　　　　0.7

裡袋中層　　裡袋下層

35

55

【作法】

1　接合拉鍊尾布

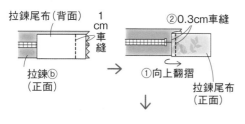

拉鍊尾布（背面）　　1cm車縫

②0.3cm車縫

拉鍊ⓑ（正面）　　①向上翻摺　　拉鍊尾布（正面）

以相同方式接合

2　製作前表袋

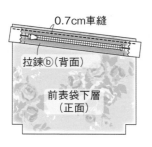

0.7cm車縫

拉鍊ⓑ（背面）

前表袋下層（正面）

①向上翻摺

②0.2cm車縫

前表袋下層（正面）

②0.5cm車縫

前表袋下層（正面）

①疊上裡袋下層

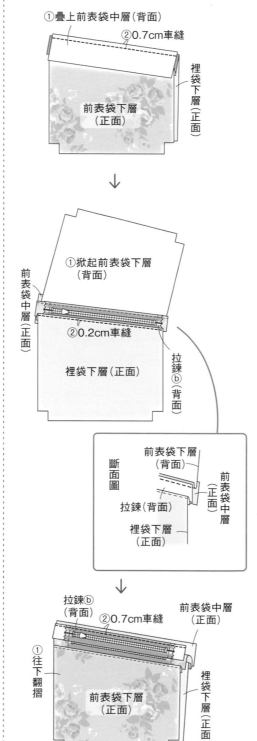

①疊上前表袋中層（背面）

②0.7cm車縫

前表袋下層（正面）

裡袋下層（正面）

①掀起前表袋下層（背面）

前表袋中層（正面）

②0.2cm車縫

裡袋下層（正面）

拉鍊ⓑ（背面）

斷面圖

前表袋下層（背面）　前表袋中層

拉鍊（背面）

裡袋下層（正面）

拉鍊ⓑ（背面）　　前表袋中層（正面）

②0.7cm車縫

①往下翻摺

前表袋下層（正面）

裡袋下層（正面）

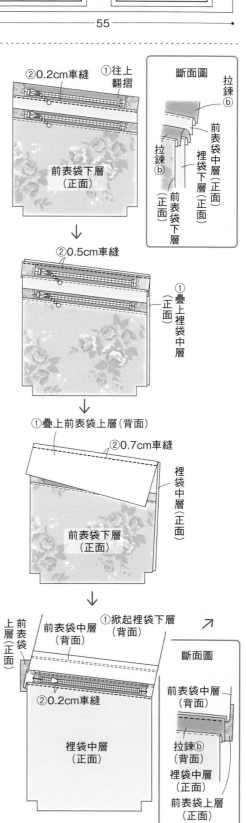

②0.2cm車縫　①往上翻摺

斷面圖

拉鍊ⓑ

前表袋中層（正面）

裡袋下層（正面）

拉鍊ⓑ　前表袋中層（正面）　裡袋下層（正面）　前表袋下層（正面）

前表袋下層（正面）

②0.5cm車縫

①疊上裡袋中層

①疊上前表袋上層（背面）

②0.7cm車縫

裡袋中層（正面）

前表袋下層（正面）

上層（正面）　前表袋　①掀起裡袋下層（背面）

前表袋中層（背面）

②0.2cm車縫

裡袋中層（正面）

斷面圖

前表袋中層（背面）

拉鍊ⓑ（背面）

裡袋中層（正面）

前表袋上層（正面）

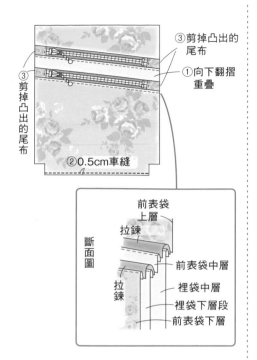

③剪掉凸出的尾布

③向下翻摺重疊

③剪掉凸出的尾布

②0.5cm車縫

斷面圖

前表袋上層
拉鍊
前表袋中層
裡袋中層
裡袋下層段
前表袋下層

3 接合D形環

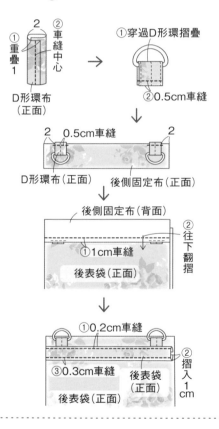

①重疊1
②車縫中心
D形環布（正面）

①穿過D形環摺疊
②0.5cm車縫

2　0.5cm車縫　2
D形環布（正面）　後側固定布（正面）

後側固定布（背面）
②往下翻摺
①1cm車縫
後表袋（正面）

①0.2cm車縫
②摺入1cm
③0.3cm車縫
後表袋（正面）
後表袋（正面）

4 接合拉鍊（P.43）

①於上止側接合拉鍊尾布
②0.7cm車縫
3 移開
拉鍊ⓐ（背面）
前表袋（正面）

①朝上翻摺
拉鍊ⓐ（正面）
②0.2cm車縫
前表袋（正面）

後表袋（正面）
①以前表袋的相同方式車縫
前表袋（正面）
②接合布標

2.5　4
①摺疊
布標5cm
②0.5cm車縫

<後側>

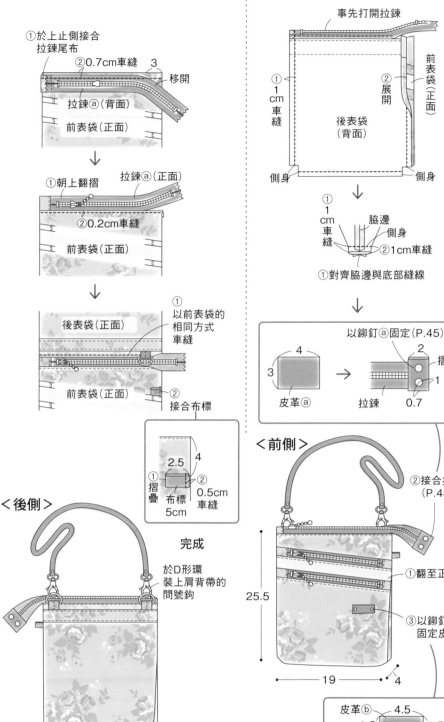

5 車縫脇邊、底部、側身

事先打開拉鍊
①1cm車縫
後表袋（背面）
②展開
前表袋（正面）
側身　側身

①1cm車縫
脇邊
側身
②1cm車縫
①對齊脇邊與底部縫線

以鉚釘ⓐ固定（P.45）
4
3
皮革ⓐ
②摺疊
①
0.7
拉鍊

<前側>

②接合拉鍊尾布（P.43）
①翻至正面
25.5
③以鉚釘ⓑ固定皮革ⓑ
19　4

完成
於D形環裝上肩背帶的問號鉤

皮革ⓑ　4.5
1.8　1.5
以鉚釘ⓑ固定

P.27　No.17　網布斜背隨身包

原寸紙型 B面

【材料】

A 布（fabric bird／一次水洗加工麻帆布 48 鐵灰色）
・・寬55cm　70cm

B 布（黑色網布）・・寬30cm　15cm

C 布（fabric bird／original color 亞麻 Q Raja・Ruby）
・・寬100cm　80cm

人字織帶（寬2.5cm）・・60cm

拉鍊ⓐ（25cm）・・1 條
拉鍊ⓑ（35cm）・・1 條
平織帶（寬2.5cm）・・130cm
D 形環（25mm）・・2 個
日型環（25mm）・・1 個

※P.84 接續

83

【裁布圖】 ※除了指定處之外縫份皆為 1cm
斜布條直接在布料上畫線裁切

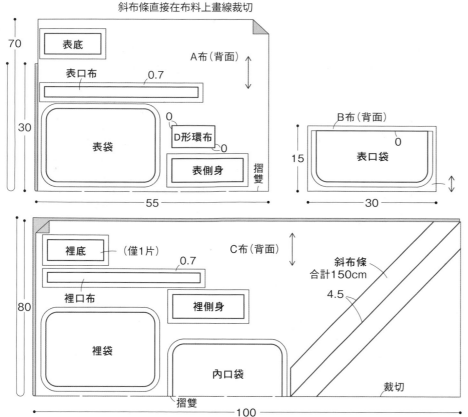

70
表底
30
表口布　0.7
表袋
D形環布　0
表側身
A布(背面)
0
55
摺雙

B布(背面)
15
表口袋　0
30

80
裡底　(僅1片)
0.7
裡口布
裡側身
裡袋
內口袋
C布(背面)
斜布條
合計150cm
4.5
裁切
摺雙
100

【作法順序】

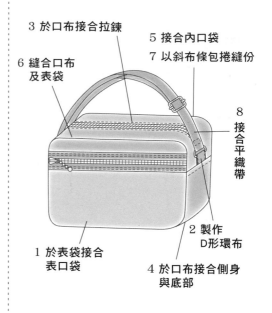

3 於口布接合拉鍊
6 縫合口布及表袋
5 接合內口袋
7 以斜布條包捲縫份
8 接合平織帶
2 製作D形環布
4 於口布接合側身與底部
1 於表袋接合表口袋

【作法】

1 於表袋接合表口袋

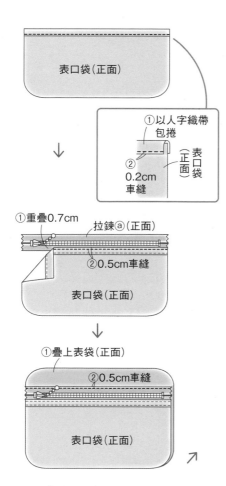

表口袋(正面)

①以人字織帶包捲
②0.2cm車縫
表口袋(正面)
0.2cm車縫

①重疊0.7cm
拉鍊ⓐ(正面)
②0.5cm車縫
表口袋(正面)

①疊上表袋(正面)
②0.5cm車縫
表口袋(正面)

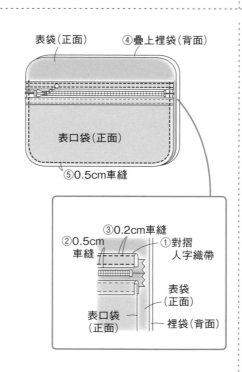

表袋(正面)
④疊上裡袋(背面)
表口袋(正面)
⑤0.5cm車縫

③0.2cm車縫
②0.5cm車縫
①對摺人字織帶
表袋(正面)
表口袋(正面)
裡袋(背面)

2 製作 D 形環布

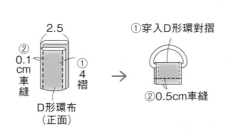

2.5
②0.1cm車縫
①4褶
D形環布(正面)

①穿入D形環對摺
②0.5cm車縫

3 於口布接合拉鍊（P.42）

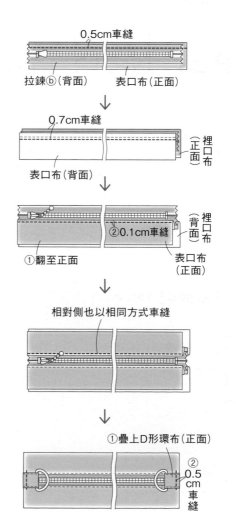

0.5cm車縫
拉鍊ⓑ(背面)　表口布(正面)

0.7cm車縫
裡口布(正面)
表口布(背面)

裡口布(背面)
②0.1cm車縫
①翻至正面
表口布(正面)

相對側也以相同方式車縫

①疊上D形環布(正面)
②0.5cm車縫

4 於口布接合側身與底部

表口布（正面）
裡側身（正面）　裡側身（正面）
1cm車縫
表側身（背面）　表側身（背面）
1cm車縫

裡側身（背面）　表口布（正面）　裡側身（背面）
0.5cm車縫　　0.5cm車縫
表側身（正面）　　表側身（正面）

摺疊口布・側身置入其間

裡底（正面）
1cm車縫
表底（背面）
表側身（正面）

裡口布（正面）
裡底（背面）
②0.5cm車縫　0.5cm車縫
①翻至正面　表底（正面）　表側身（正面）

5 接合內口袋

①摺疊1cm
摺雙
內口袋（正面）

1
②0.1cm車縫

裡袋（正面）
內口袋（正面）　0.3cm車縫
①0.5cm車縫
②車縫中心

6 縫合口布及表袋

預先打開拉鍊
表袋（正面）
裡袋（正面）
1cm車縫
②剪牙口　①0.8cm車縫
內口袋（正面）　裡側身（正面）

7 以斜布條包捲縫份（P.39）

裡袋（正面）
②對齊布料邊緣
④1cm車縫
①摺疊1cm
斜布條（背面）
③重疊1cm
⑤剪牙口

①包捲
②0.1cm車縫
裡袋（正面）
裡底（正面）
③相對側也以相同方式車縫

8 接合平織帶

完成
①翻至正面
②接合平織帶（P.45・P.71）

17
26　5

P.28　No.18　鋁製口金布包

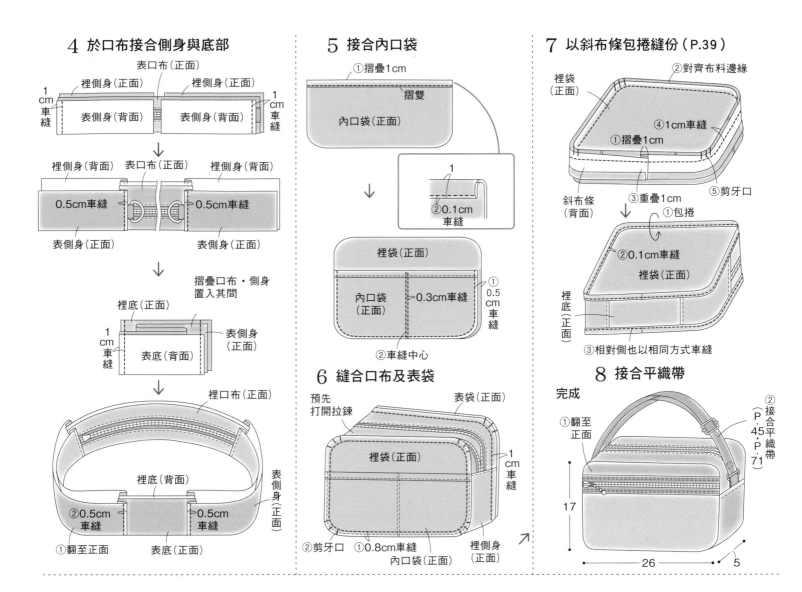

原寸紙型 B面

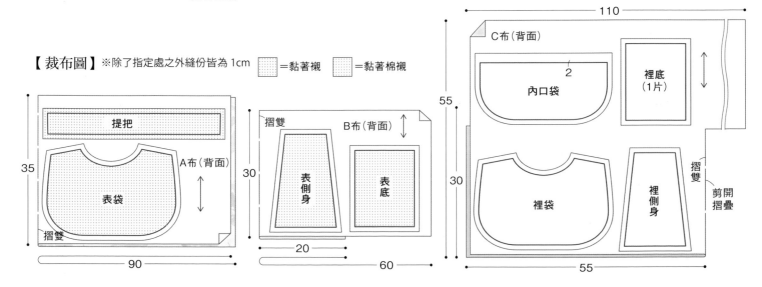

【材料（1個的用量）】
A布（a／綿織柄・歐洲服飾布料 hideki／c11073nv
　　b／花卉印花麻布）‥寬90cm　35cm
B布（a／米色素面麻布　b／青色素面麻布）‥寬60cm　30cm
C布（米色素面牛津布）‥寬110cm　55cm
黏著襯（薄）‥45cm×15cm
黏著棉襯‥65cm×45cm

蕾絲（寬3.5cm）‥a／25cm　b／15cm
皮革‥3cm×4cm
鋁製彈簧口金・橫向寬度25cm
（INAZUMA/BK-2573）‥1組

【裁布圖】※除了指定處之外縫份皆為1cm　░░=黏著襯　▒▒=黏著棉襯

提把
表袋
摺雙
A布（背面）
35
90

摺雙
B布（背面）
表側身
表底
30
20　60

C布（背面）
內口袋
2
裡底（1片）
裡袋
裡側身
摺雙
剪開摺疊
55
30
110
55

※P.86接續

【作法順序】

3 縫合裡袋與
裡側身

4 製作並接合提把，
再穿入口金

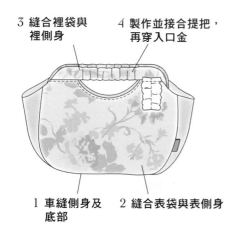

1 車縫側身及
底部

2 縫合表袋與表側身

口金尺寸

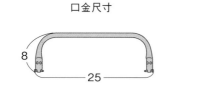

8
25

【作法】

※事先於各裁片黏貼黏著襯
與黏著棉襯

1 車縫側身及底部

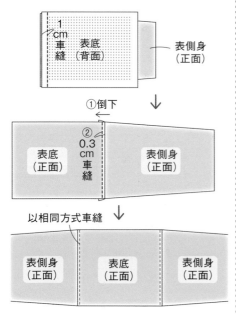

①倒下

1
cm
車縫
表底
（背面）
表側身
（正面）

②
0.3
cm
車縫
表底
（正面）
表側身
（正面）

以相同方式車縫

表側身
（正面）
表底
（正面）
表側身
（正面）

※裡側身、裡底也以相同方式車縫

2 縫合表袋與表側身

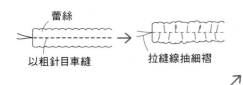

蕾絲

以粗針目車縫
拉縫線抽細褶

5
②於中心
車縫
a/3
b/9
11

表底
（正面）

①縮成
所需長度

0.5
cm
車縫
布標

4
3
皮革
→
對摺
2

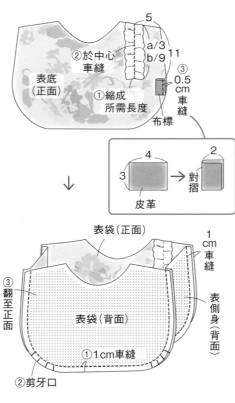

表袋（正面）

1
cm
車縫

③
翻至
正面

表袋（背面）

表側身
（背面）

①1cm車縫

②剪牙口

3 縫合裡袋與裡側身

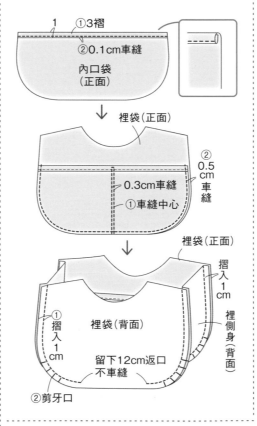

1
①3褶
②0.1cm車縫

內口袋
（正面）

裡袋（正面）

②
0.5
cm
車縫

0.3cm車縫
①車縫中心

裡袋（正面）

摺入
1
cm

①
摺入
1
cm
裡袋（背面）

裡側身
（背面）

留下12cm返口
不車縫

②剪牙口

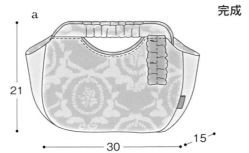

a

21
30
15

完成

---

4 製作並接合提把，再穿入口金

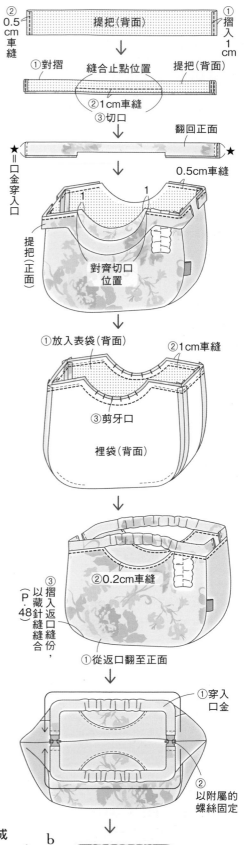

②
0.5
cm
車縫

提把（背面）

①
摺入
1
cm

①對摺

縫合止點位置
提把（背面）

②1cm車縫
③切口

翻回正面

★
＝
口
金
穿
入
口

0.5cm車縫
★

1
1

提把
（正面）

對齊切口
位置

①放入表袋（背面）
②1cm車縫

③剪牙口

裡袋（背面）

②0.2cm車縫

③
摺入返口縫份，
以藏針縫縫合
（P.48）

①從返口翻至正面

①穿入
口金

②
以附屬的
螺絲固定

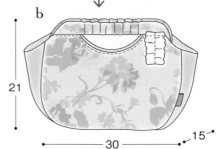

b

21
30
15

86

P.29　No.19　化妝收納包

【材料】

A 布（紫色素面麻布）‥寬 90cm　50cm
B 布（格紋鋪棉布）‥寬 50cm　30cm
C 布（花卉印花被單布）‥寬 60cm　40cm
黏著棉襯‥45cm×20cm
雙向拉鍊（40cm）‥1 條

棉織帶ⓐ（寬 1.2cm）‥45cm
棉織帶ⓑ（寬 1.2cm）‥15cm
棉織帶ⓒ（寬 2.5cm）‥5cm
蕾絲（寬 3cm）‥5cm

【裁布圖】
※除了指定處之外縫份皆為 1cm
斜布條直接在布料上畫線裁切

＝黏著棉襯
黏著棉襯僅裁剪表蓋

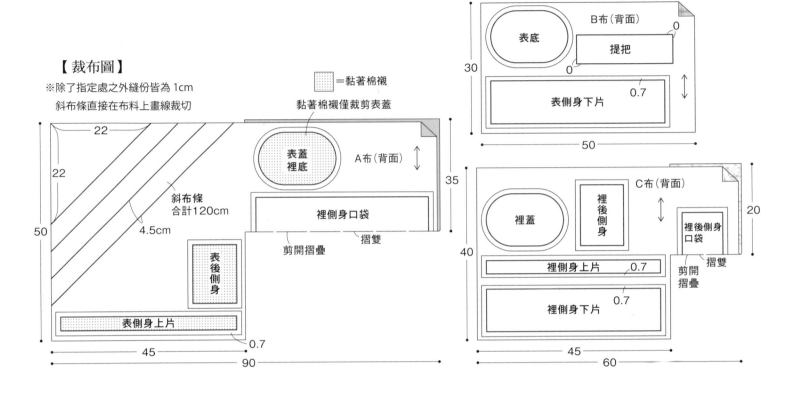

22　22
50
斜布條
合計120cm
4.5cm
表蓋裡底
A布（背面）
裡側身口袋
摺雙
剪開摺疊
表後側身
表側身上片
0.7
45
90
35

表底
B布（背面）
提把
0
0
表側身下片
0.7
30
50

裡蓋
裡後側身
C布（背面）
裡後側身口袋
摺雙
剪開摺疊
裡側身上片　0.7
裡側身下片　0.7
20
40
45
60

【作法順序】

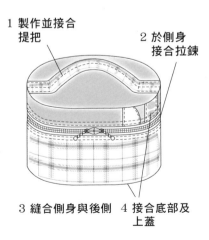

1 製作並接合提把
2 於側身接合拉鍊
3 縫合側身與後側
4 接合底部及上蓋

【作法】
※事先於各裁片黏貼黏著棉襯

1　接合並製作提把

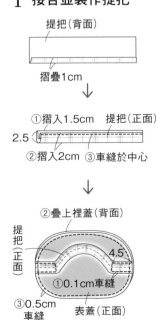

提把（背面）
摺疊1cm
①摺入1.5cm　提把（正面）
2.5
②摺入2cm　③車縫於中心

②疊上裡蓋（背面）
提把（正面）
4.5
①0.1cm車縫
③0.5cm車縫
表蓋（正面）

2　於側身接合拉鍊（P.42）

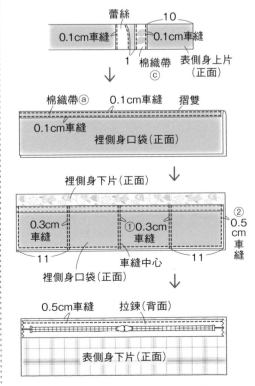

蕾絲　10
0.1cm車縫　0.1cm車縫
1　棉織帶ⓒ　表側身上片（正面）

棉織帶ⓐ　0.1cm車縫　摺雙
0.1cm車縫
裡側身口袋（正面）

裡側身下片（正面）
0.3cm車縫　①0.3cm車縫
②0.5cm車縫
裡側身口袋（正面）
11　車縫中心　11

0.5cm車縫　拉鍊（背面）
表側身下片（正面）

※P.88接續

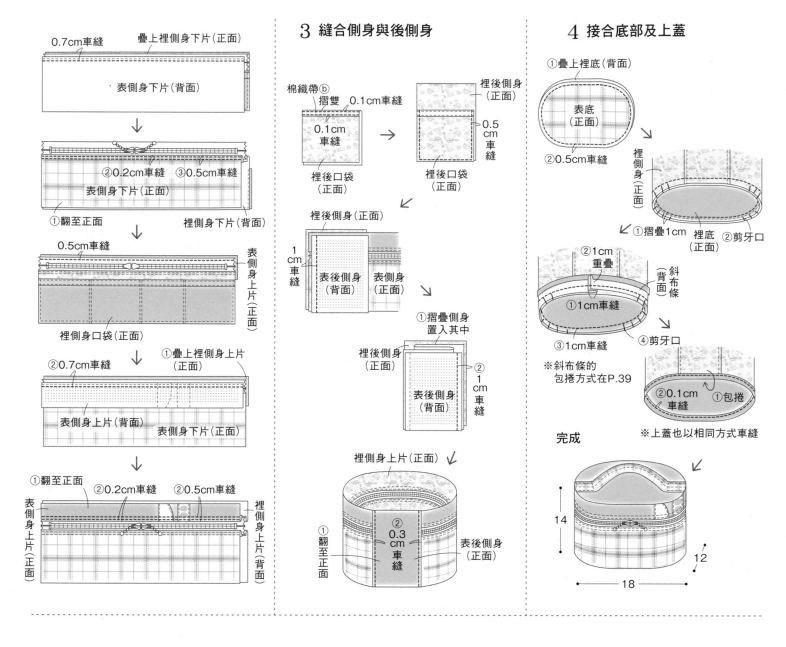

3 縫合側身與後側身

4 接合底部及上蓋

P.30　No.20 吊掛拉鍊收納包

原寸紙型 A面

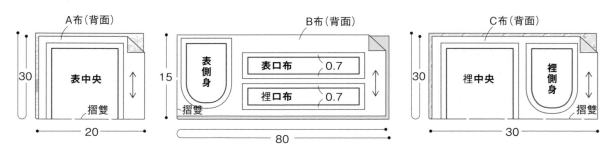

【材料（1個的用量）】

A布（印花牛津布）‧‧寬20cm　30cm

B布（a／青綠色素面麻布

　　 b／fabric bird‧original color 亞麻布 S Yolk-Yellow）

　　　‧‧寬80cm　15cm

C布（被單布 a／米色素面 b／花卉印花）‧‧寬55cm　30cm

拉鍊（20cm）‧‧1條

皮革ⓐ‧‧1.5cm×4.5cm

皮革ⓑ‧‧3cm×4cm

鉚釘ⓐ（6mm）‧‧2組

鉚釘ⓑ（7mm）‧‧1組

D形環（15mm）‧‧1個

英文字母布標（寬1cm）‧‧2.5cm

【裁布圖】

※除了指定處之外縫份皆為1cm

【作法順序】

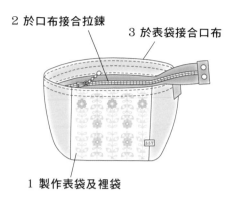

2 於口布接合拉鍊
3 於表袋接合口布
1 製作表袋及裡袋

【作法】

1 製作表袋及裡袋

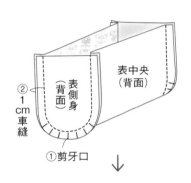

②1cm車縫
①剪牙口
表中央（背面）
表側身（背面）

↓

倒向表中央側
翻至正面
※裡袋的內中央、裡側身
也以相同方式車縫

↓

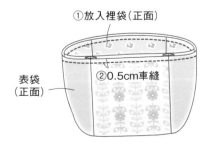

①放入裡袋（正面）
表袋（正面）
②0.5cm車縫

2 於口布接合拉鍊（P.43）

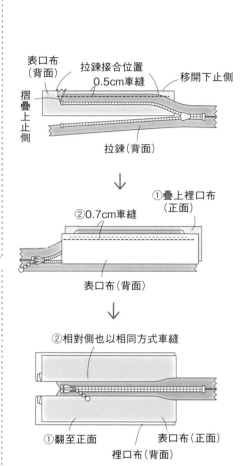

表口布（背面）
拉鍊接合位置
0.5cm車縫
移開下止側
摺疊上止側
拉鍊（背面）

↓

①疊上裡口布（正面）
②0.7cm車縫
表口布（背面）

↓

②相對側也以相同方式車縫
①翻至正面
表口布（正面）
裡口布（背面）

↓

①展開
表口布（正面）
表口布（背面）
②1cm車縫
1cm車縫
裡口布（正面）
裡口布（背面）
事先移開

↓

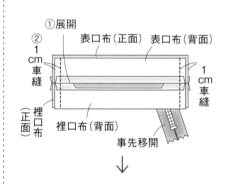

①展開
表口布（背面）
表口布（背面）
0.5cm車縫
0.5cm車縫
裡口布（背面）
※另一邊的脇邊
也以相同方式車縫

↓

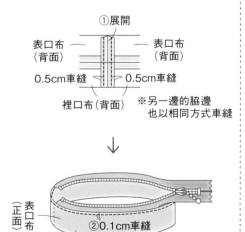

表口布（正面）
②0.1cm車縫
①翻至正面

3 於表袋接合口布

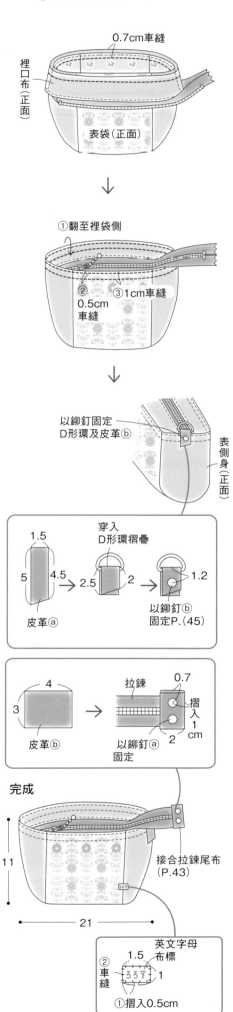

0.7cm車縫
裡口布（背面）
裡口布（正面）
表袋（正面）

↓

①翻至裡袋側
裡口布（正面）
②0.5cm車縫
③1cm車縫

↓

以鉚釘固定
D形環及皮革ⓑ
裡口布（正面）
表側身（正面）

穿入
D形環摺疊
1.5
5 4.5
2.5 2
1.2
皮革ⓐ
以鉚釘ⓑ
固定P.(45)

4
3
皮革ⓑ
拉鍊
0.7
摺入1cm
2
以鉚釘ⓐ固定

完成

11
21
接合拉鍊尾布（P.43）

英文字母布標
1.5
②車縫
1
①摺入0.5cm

P.31　No.21 小屋造型鑰匙包

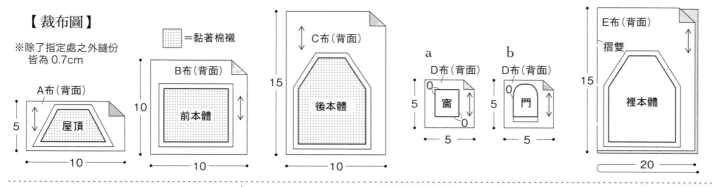

【材料（1 個的用量）】

A 布（a ／素色麻布 b ／花卉印花麻布）‧‧寬 10cm　5cm

B 布（花卉印花棉麻布）‧‧寬 10cm　10cm

C 布（花卉印花麻布）‧‧寬 10cm　15cm

　（a ／有輪商店株式會社‧446494 1：紫色＆綠色）

D 布（花卉印花棉 lawn）‧‧寬 5cm　5cm

E 布（花卉印花棉布）‧‧寬 20cm　15cm

黏著棉襯‧‧20cm×15cm

原寸紙型 B面

蠟繩（粗 2mm）‧‧50cm

皮革ⓐ‧‧3cm×3cm

皮革ⓑ‧‧a ／1cm 寬－ 3cm　b ／1.2cm 寬－ 4.5cm

鉚釘（7mm）‧‧1 組

鑰匙圈（25mm）‧‧1 個

鈴鐺（7mm）‧‧1 個

b ／英文字母布標（寬 8mm）‧‧1 片

【裁布圖】

※除了指定處之外縫份皆為 0.7cm

=黏著棉襯

A 布（背面）　屋頂　5　10

B 布（背面）　前本體　10　10

C 布（背面）　後本體　15　10

a　D 布（背面）　窗　0　0　5　5

b　D 布（背面）　門　0　5　5

E 布（背面）　摺雙　裡本體　15　20

【作法順序】

1 製作前本體
2 接合前後本體
3 最後整理

【作法】

※事先於各裁片黏貼黏著棉襯

1 製作前本體

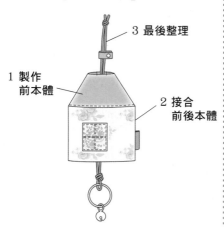

0.7cm車縫　屋頂（背面）　前本體（正面）

屋頂（正面）　①倒下　②0.1cm車縫　前本體（正面）　0.1車縫　③疊上窗，並讓2道縫線中心呈十字進行車縫

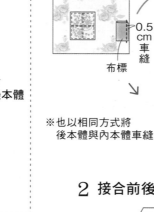

3　3　→　摺疊　皮革ⓐ　0.5cm車縫　布標　1.5

※也以相同方式將後本體與內本體車縫

裡本體（正面）　前本體（背面）　0.7cm車縫

2 接合前後本體

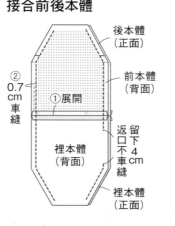

後本體（正面）　前本體（背面）　①展開　②0.7cm車縫　裡本體（背面）　留下4cm返口不車縫　裡本體（正面）

②摺入縫份，以藏針縫縫合（P.48）　①翻至正面　③以藏針縫縫合返口

縫合固定穿繩口

3 最後整理

完成

a　④打結　⑤以鉚釘固定皮革　③穿入穿繩口　9　②打單結　①　於50cm蠟繩穿入裝了鈴鐺的鑰匙圈　鈴鐺　7

③　1　皮革ⓑ　1.5　①摺疊　②以鉚釘固定（P.45）　0.5

b　以 a 的相同方式製作

0.1cm車縫　前本體（正面）　1.5　1　縫上英文字母布標　門　完成

1.5　NE　布標 英文字母　摺疊0.5cm

4.5　1.2　皮革ⓑ　4　①摺疊　2.5　②以鉚釘固定　0.5　2

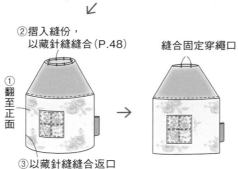

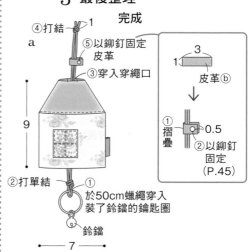

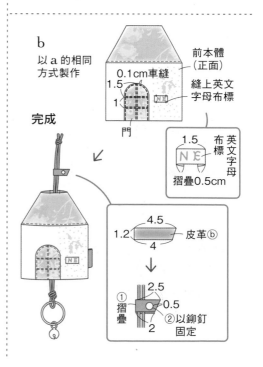

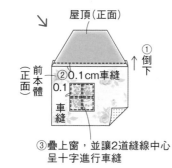

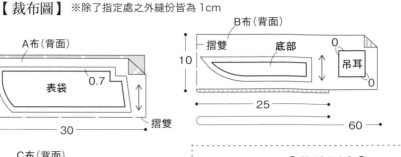

【材料】

A布（狗狗圖案棉布／decollections d1yf420）
・・寬30cm　20cm
B布（直條紋 hickory 布）・・寬60cm　10cm
C布（米色素面牛津布／decollections sm0083t）
・・寬30cm　30cm
拉鍊（20cm）・・1條
皮標（2.5cm×2cm）・・1片

【裁布圖】※除了指定處之外縫份皆為 1cm

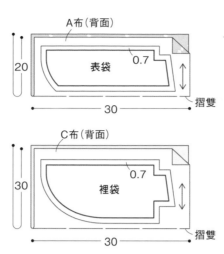

A布（背面）
表袋
0.7
20
30
摺雙

C布（背面）
裡袋
0.7
30
30
摺雙

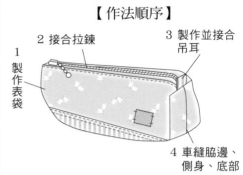

B布（背面）
底部
吊耳
10
0
0
25
60
摺雙

【作法順序】

1 製作表袋
2 接合拉鍊
3 製作並接合吊耳
4 車縫脇邊、側身、底部

【作法】

1 製作表袋

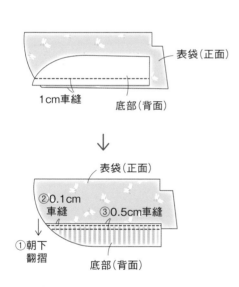

表袋（正面）
1cm車縫　底部（背面）

表袋（正面）
②0.1cm車縫
③0.5cm車縫
①朝下翻摺
底部（背面）

2 接合拉鍊

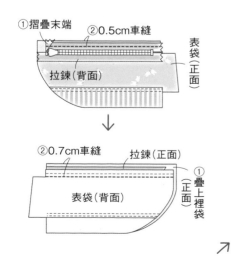

①摺疊末端　②0.5cm車縫
拉鍊（背面）
表袋（正面）

②0.7cm車縫　拉鍊（正面）
表袋（背面）
①疊上裡袋（正面）

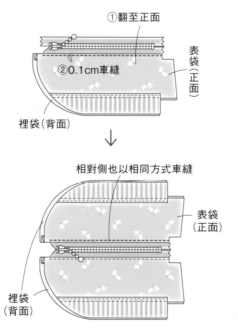

①翻至正面
②0.1cm車縫
表袋（正面）
裡袋（背面）
裡袋（背面）

相對側也以相同方式車縫
表袋（正面）
裡袋（背面）

3 製作並接合吊耳

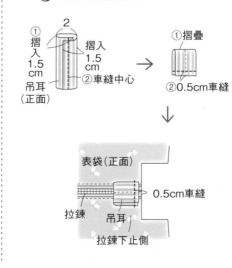

①摺入1.5cm　摺入1.5cm　2
②車縫中心
吊耳（正面）

①摺疊
②0.5cm車縫

表袋（正面）
0.5cm車縫
拉鍊　吊耳
拉鍊下止側

4 車縫脇邊、側身、底部

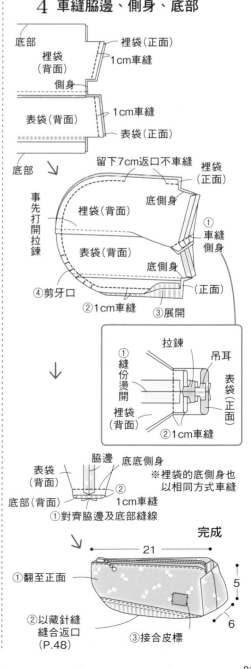

底部
裡袋（正面）
1cm車縫
裡袋（背面）
側身
表袋（背面）
1cm車縫
表袋（正面）
底部

留下7cm返口不車縫
裡袋（正面）
底側身
事先打開拉鍊
裡袋（背面）
底側身
①車縫側身
表袋（背面）
底側身
（正面）
④剪牙口　②1cm車縫　③展開

①縫份燙開
拉鍊　吊耳
裡袋（背面）
表袋（正面）
②1cm車縫

脇邊　底底側身
表袋（背面）
②
底部（背面）
1cm車縫
①對齊脇邊及底部縫線
※裡袋的底側身也以相同方式車縫

完成
21
①翻至正面
5
6
②以藏針縫縫合返口（P.48）
③接合皮標

91

P.32　No.23 栗子束口袋

【材料】

A布（直條紋棉布）‥寬15cm　25cm

B布（蕾絲棉布）‥寬20cm　25cm

C布（白色素面棉布）‥寬20cm　25cm

D布（花卉印花棉布／decollections・smfmny）‥寬45cm　25cm

E布（植物印花棉布／decollections・d1yf618）‥寬60cm　30cm

蠟繩（粗2mm）‥70cm　2條

布標（寬1cm）‥1片

【裁布圖】　※縫份皆為1cm

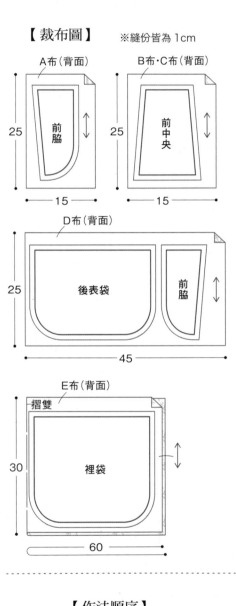

A布（背面）
前脇
25 ／ 15

B布・C布（背面）
前中央
25 ／ 15

D布（背面）
後表袋　前脇
25 ／ 45

E布（背面）
摺雙　裡袋
30 ／ 60

【作法順序】

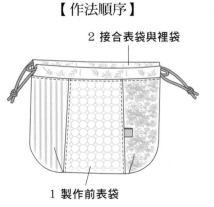

2 接合表袋與裡袋

1 製作前表袋

【作法】

1 製作前表袋

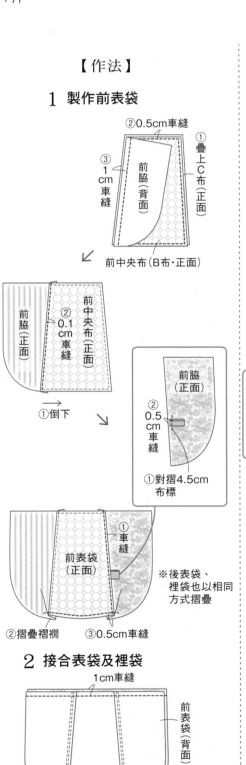

②0.5cm車縫
①疊上C布（正面）
③1cm車縫
前脇（背面）
前中央布（B布・正面）

前脇（正面）　前中央布（正面）
②0.1cm車縫
①倒下

前脇（正面）
②0.5cm車縫
①對摺4.5cm布標

①車縫
前表袋（正面）
②摺疊褶襉　③0.5cm車縫
※後表袋、裡袋也以相同方式摺疊

2 接合表袋及裡袋

1cm車縫
前表袋（背面）
裡袋（正面）
※後表袋、裡袋也以相同方式車縫

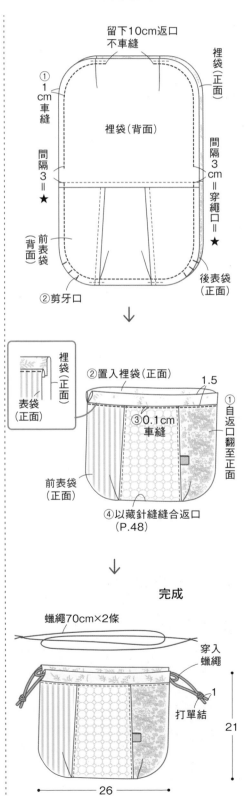

留下10cm返口不車縫
①1cm車縫
裡袋（正面）
裡袋（背面）
間隔3cm＝＝穿繩口＝＝★
間隔3＝＝★
前表袋（背面）
後表袋（正面）
②剪牙口

裡袋（正面）
表袋（正面）
②置入裡袋（正面）　1.5
③0.1cm車縫
①自返口翻至正面
前表袋（正面）
④以藏針縫縫合返口（P.48）

完成

蠟繩70cm×2條
穿入蠟繩
打單結　1
21
26

P.32　No.24 栗子收納包

【材料】

A 布（直條紋被單布／

有輪商店商店・116537 B：摩卡灰 X 炭黑）

・・45cm　40cm

B 布（花卉印花棉布）・・寬 30cm　25cm

C 布（印花麻布）・・寬 30cm　25cm

D 布（印花棉布）・・寬 60cm　25cm

黏著棉襯・・60cm×25cm

拉鍊（25cm）・・1 條

皮革・・2.5cm×4cm

布標ⓐ（寬 1.5cm）・・1 片

布標ⓑ（寬 1 cm）・・1 片

【裁布圖】※除了指定處之外縫份皆為 1cm

▨ ＝黏著棉襯

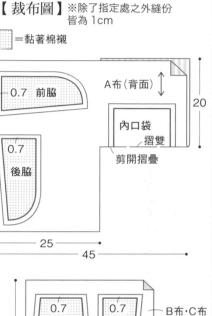

A 布（背面）

0.7　前脇

0.7　後脇

內口袋

摺雙

剪開摺疊

40　25　45　20

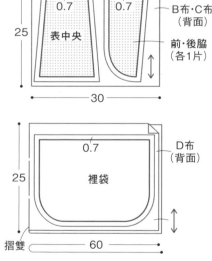

B 布・C 布（背面）

0.7　0.7

表中央

前・後脇（各 1 片）

25　30

D 布（背面）

0.7

裡袋

摺雙　25　60

【作法順序】

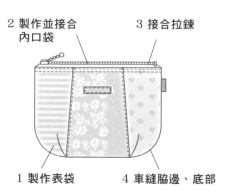

2 製作並接合內口袋

3 接合拉鍊

1 製作表袋

4 車縫脇邊、底部

【作法】

※事先於各裁片黏貼黏著棉襯

1 製作表袋

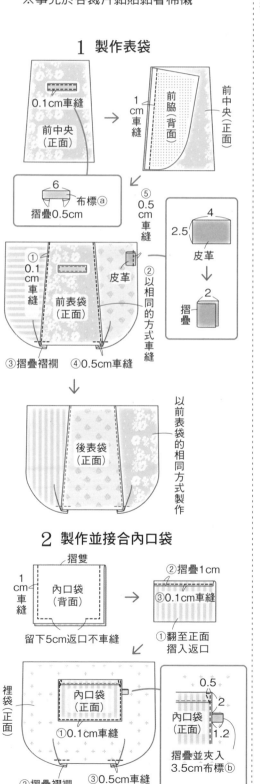

前中央（正面）　0.1cm車縫

1cm車縫　前脇（背面）　前中央（正面）

6　布標ⓐ　摺疊0.5cm

⑤ 0.5cm車縫

4　2.5　皮革 → 2　摺疊

①0.1cm車縫　前表袋（正面）　皮革

②以相同的方式車縫

③摺疊褶襇　④0.5cm車縫

後表袋（正面）

以前表袋的相同方式製作

2 製作並接合內口袋

摺雙

1cm車縫　內口袋（背面）

留下5cm返口不車縫

②摺疊1cm　③0.1cm車縫

①翻至正面摺入返口

裡袋（正面）　內口袋（正面）

①0.1cm車縫

0.5　2　內口袋（正面）　1.2

摺疊並夾入3.5cm布標ⓑ

②摺疊褶襇　③0.5cm車縫

※另1片也摺疊並車縫褶襇

3 接合拉鍊（P.40）

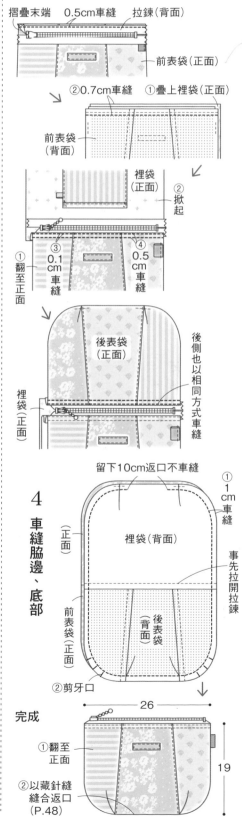

摺疊末端　0.5cm車縫　拉鍊（背面）

前表袋（正面）

②0.7cm車縫　①疊上裡袋（正面）

前表袋（背面）

裡袋（正面）　②掀起

③0.1cm車縫　①翻至正面　④0.5cm車縫

後表袋（正面）

後側也以相同方式車縫

裡袋（正面）

4 車縫脇邊、底部

留下10cm返口不車縫

①1cm車縫

裡袋（背面）

（正面）

②剪牙口

事先拉開拉鍊

前表袋（正面）　後表袋（背面）

26

完成

①翻至正面

②以藏針縫縫合返口（P.48）

19

93

P.33　No.25　口金小肩包

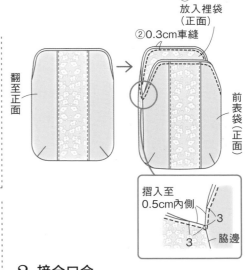

【材料】

A 布（花卉印花棉 lawn）・・寬 30cm　25cm

B 布（米色素面麻布）・・寬 20cm　25cm

C 布（印花麻布）・・寬 40cm　25cm

黏著棉襯・・40cm×25cm

口金　寬 13.5cm　高 6cm（jasmine ／ F1358 13.5cm 附吊環 黑色）・・1 個

皮標（2.5cm×1cm）・・1 片

原寸紙型 A 面

【裁布圖】
　=黏著棉襯

※加入各尺寸縫份

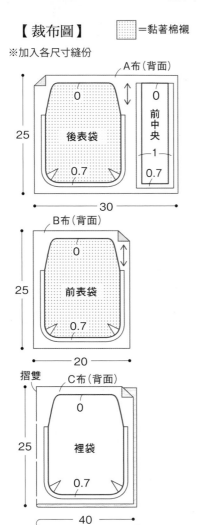

A布（背面）

25 · 後表袋 · 0 · 0.7

0 · 前中央 · 1 · 0.7

30

B布（背面）

25 · 前表袋 · 0 · 0.7

20

摺雙　C布（背面）

25 · 裡袋 · 0 · 0.7

40

口金尺寸

6 · 13.5

【作法順序】

2 接合口金

1 車縫表袋

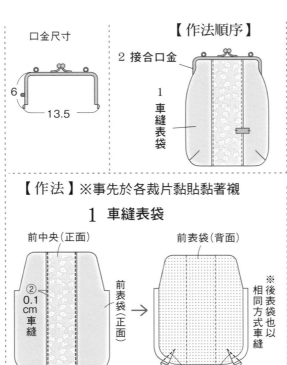

翻至正面

①放入裡袋（正面）

②0.3cm車縫

前表袋（正面）

摺入至0.5cm內側

3 · 3 · 脇邊

【作法】※事先於各裁片黏貼黏著襯

1 車縫表袋

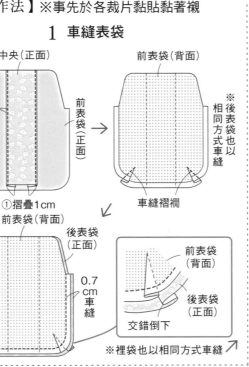

前中央（正面）

② 0.1cm 車縫

前表袋（背面）

前表袋（正面）

※後表袋也以相同方式車縫

①摺疊1cm

車縫褶襉

前表袋（背面）

後表袋（正面）

0.7cm車縫

前表袋（背面）

後表袋（正面）

交錯倒下

※裡袋也以相同方式車縫

2 接合口金

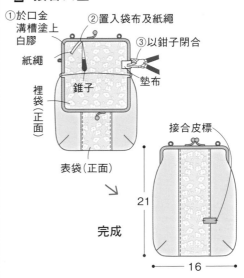

①於口金溝槽塗上白膠

②置入袋布及紙繩

③以鉗子閉合

紙繩

錐子

墊布

裡袋（正面）

表袋（正面）

接合皮標

21 · 16

完成

P.33　No.26　三摺錢包

【材料】

A 布（小鳥圖案麻布）・・寬 25cm　20cm

B 布（青綠色素面麻布）・・寬 45cm　15cm

C 布（直條紋棉布）・・寬 20cm　15cm

D 布（花卉印花棉布）・・寬 20cm　15cm

E 布（花卉印花棉布）・・寬 20cm　15cm

F 布（直條紋棉布）・・寬 10cm　15cm

G 布（圓點棉布）・・寬 25cm　30cm

H 布（圓點棉布）・・寬 15cm　15cm

黏著襯（薄）・・40cm×15cm

拉鍊（10cm）・・1 條

皮革・・1cm×3.5cm

鉚釘（7mm）・・1 組

四合釦（10mm）・・1 組

D 形環（10mm）・・1 個

原寸紙型 B 面

【作法順序】

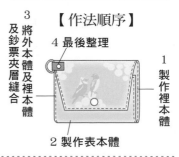

3 將外本體及裡本體及鈔票夾層縫合

4 最後整理

1 製作裡本體

2 製作表本體

【四合釦的安裝方法】

凹		凸	
面釦	母釦	公釦	底釦

1 以錐子在布料上戳洞

2 插入面釦並裝上母釦，敲打固定

※將底釦插入布料中，公釦也以相同方式安裝

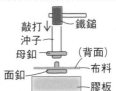

敲打 · 鐵鎚

沖子

母釦 · （背面）

布料

面釦

膠板

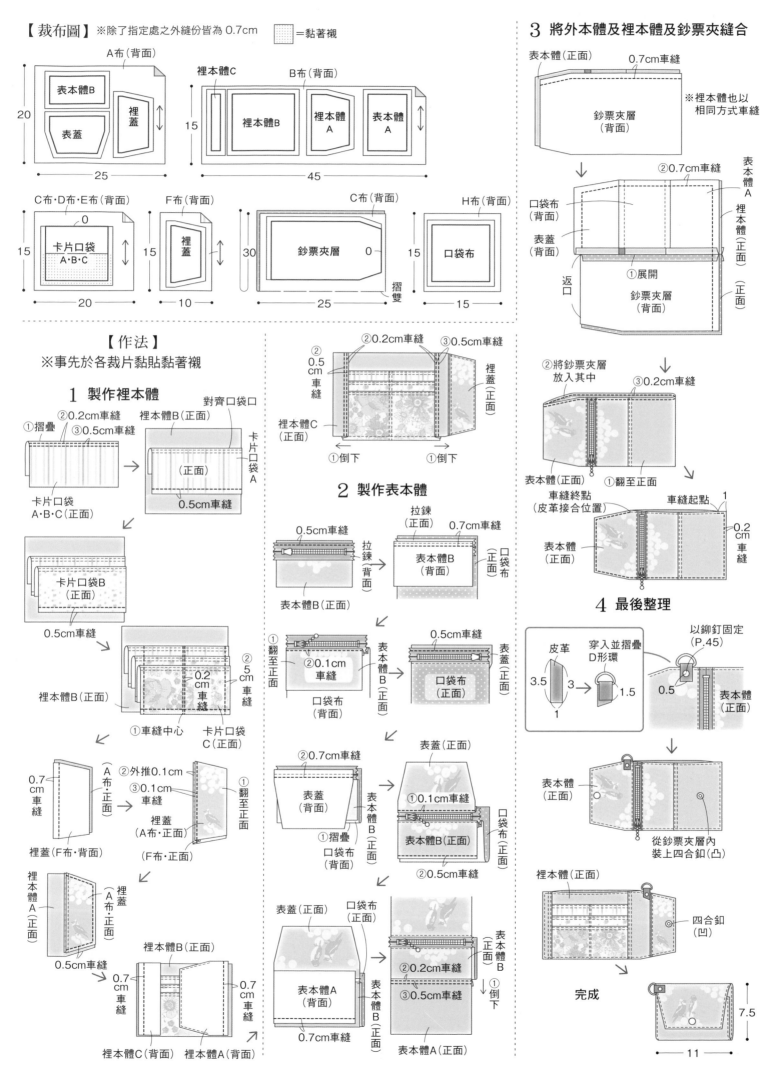

【裁布圖】※除了指定處之外縫份皆為0.7cm　▨＝黏著襯

A布（背面）
表本體B
表蓋
20
裡蓋
裡本體C
B布（背面）
裡本體B
裡本體A
表本體A
15
25
45

C布‧D布‧E布（背面）
0
卡片口袋
A‧B‧C
15
20

F布（背面）
裡蓋
15
10

C布（背面）
鈔票夾層　0
30
摺雙
25

H布（背面）
口袋布
15
15

【作法】
※事先於各裁片黏貼黏著襯

1 製作裡本體

①摺疊　②0.2cm車縫　裡本體B（正面）　對齊口袋口
③0.5cm車縫
卡片口袋A‧B‧C（正面）
卡片口袋A（正面）
（正面）
0.5cm車縫

卡片口袋B（正面）
0.5cm車縫
裡本體B（正面）
0.2cm車縫　②5cm車縫
①車縫中心　卡片口袋C（正面）

0.7cm車縫　（A布‧正面）②外推0.1cm
裡蓋（F布‧背面）　③0.1cm車縫　①翻至正面
裡蓋（A布‧正面）（F布‧正面）

裡本體A（正面）　裡蓋（A布‧正面）
0.5cm車縫
0.7cm車縫　裡本體B（正面）0.7cm車縫
裡本體C（背面）　裡本體A（背面）

②0.2cm車縫　③0.5cm車縫
②0.5cm車縫
裡蓋（正面）
裡本體C（正面）
①倒下　①倒下

2 製作表本體

0.5cm車縫　拉鍊（正面）0.7cm車縫
拉鍊（背面）
表本體B（背面）　口袋布（正面）
表本體B（正面）

①翻至正面　②0.1cm車縫　0.5cm車縫
表本體B（正面）　表蓋（正面）
口袋布（背面）　口袋布（正面）

②0.7cm車縫
表蓋（背面）　表蓋（正面）
①摺疊　口袋布（背面）①0.1cm車縫
表本體B（正面）　表本體B（正面）
②0.5cm車縫　口袋布（正面）

表蓋（正面）　口袋布（正面）
②0.2cm車縫
表本體A（背面）　③0.5cm車縫
表本體B（正面）
0.7cm車縫　表本體A（正面）①倒下

3 將外本體及裡本體及鈔票夾縫合

表本體（正面）　0.7cm車縫
鈔票夾層（背面）
※裡本體也以相同方式車縫

②0.7cm車縫
口袋布（背面）　表本體A
表蓋（背面）　裡本體A（正面）
①展開　返口
鈔票夾層（背面）（正面）

②將鈔票夾層放入其中　③0.2cm車縫
表本體（正面）　①翻至正面
車縫終點（皮革接合位置）　車縫起點1
表本體（正面）　0.2cm車縫

4 最後整理

皮革　穿入並摺疊D形環　以鉚釘固定（P.45）
3.5　3　1.5　0.5　表本體（正面）
1

表本體（正面）
裡本體（正面）
從鈔票夾層內裝上四合釦（凸）
四合釦（凹）

完成
7.5
11

95

猪俣友紀　Inomata Yuki

以每日手作編寫而成的部落格廣受歡迎，躍升為人氣作家。洗煉的布料搭配與高完成度的作品獲得廣大支持。以手藝雜誌為首，也於各媒體曝光，廣泛活躍。亦擔任Vogue學園東京校、橫濱校講師。著有《搭配布料作 進階布包[增補・改訂版]（暫譯）》（STUDIO TAC CREATIVE發行）、《猪俣友紀的日日布小物（暫譯）》（X-Knowledge發行）、《用百圓商品作簡易改造收納＆居家布置（暫譯）》（Media Soft發行）。

Blog「neige+ 手作生活」https://yunyuns.exblog.jp
Instagram @neige_y
Twitter @yunyun_n7
facebook https://www.facebook.com ／ neige.yunyun

國家圖書館出版品預行編目資料

一見傾心的時尚手作包：猪俣友紀(neige+)的製包對策26選/
猪俣友紀(neige+)著；周欣芃譯.
-- 初版. -- 新北市：雅書堂文化事業有限公司, 2021.05
　面；　公分. -- (FUN手作；142)
ISBN 978-986-302-586-3(平裝)

1.手提袋 2.手工藝

426.7　　　　　　　　　　　　　　　110005138

【Fun手作】142

一見傾心的時尚手作包
猪俣友紀（neige+）的製包對策26選

作　　者／猪俣友紀（neige+）
譯　　者／周欣芃
發 行 人／詹慶和
執行編輯／黃璟安
編　　輯／蔡毓玲・劉蕙寧・陳姿伶
執行美編／陳麗娜
美術編輯／周盈汝・韓欣恬
出 版 者／雅書堂文化事業有限公司
發 行 者／雅書堂文化事業有限公司
郵政劃撥帳號／18225950
戶　　名／雅書堂文化事業有限公司
地　　址／新北市板橋區板新路206號3樓
電　　話／（02）8952-4078
傳　　真／（02）8952-4084
網　　址／www.elegantbooks.com.tw
電子郵件／elegant.books@msa.hinet.net

2021年5月初版一刷　定價450元

Lady Boutique Series No.4762
INOMATA YUKI(neige+) NO SHITATE GA KIREI NA OTONA BAG
2019 Boutique-sha, Inc.
All rights reserved.
Original Japanese edition published in Japan by BOUTIQUE-SHA.
Chinese (in complex character) translation rights arranged with BOUTIQUE-SHA
through Keio Cultural Enterprise Co., Ltd., New Taipei City, Taiwan.

經銷／易可數位行銷股份有限公司
地址／新北市新店區寶橋路235巷6弄3號5樓
電話／(02)8911-0825　　傳真／(02)8911-0801

版權所有・翻印必究

※本書作品禁止任何商業營利用途（店售・網路販售等）＆刊載，請單純享受個人的手作樂趣。
※本書如有缺頁，請寄回本公司更換。

材料合作

＜布料＞

fabric bird
https://www.rakuten.ne.jp/gold/fabricbird/

銀河工房
https://www.rakuten.ne.jp/gold/simuraginga/

KOKKA
https://www.kokka.co.jp/

decollections
https://decollections.co.jp/

有輪商店株式會社
https://yuwafabrics.e-biss.jp/

歐洲服飾布料 hideki
https://www.rakuten.co.jp/hideki/

＜口金・提把＞

INAZUMA ／植村株式会社
http://www.inazuma.biz/

服飾贊助

Can Customer Center
(Samansa Mos2 ／ TSUHARU by Samansa Mos2)

攝影合作

AWABEES
UTUWA

STAFF

編輯：井上真実 小池洋子
攝影：久保田あかね（封面）
居木陽子（作法流程）
書籍設計：牧陽子
妝髮：三輪昌子
模特兒：NATANE
作法繪圖：小崎珠美
作法校對：三城洋子

N ❄

– Atelier de la saison –

neige+

N ❄
– Atelier de la saison –
neige⁺